全国中等职业技术学校美容美发与形象设计专业教材

皮肤护理与美体（第二版）

编审人员

主编：邹　莹

参编：孟庆娜　张　军

主审：郭秋彤

中国劳动社会保障出版社

简介

本书根据人力资源和社会保障部职业能力建设司颁布的美容美发与形象设计专业教学计划和教学大纲编写，供中等职业技术学校使用。

本书共分七章，具体内容包括：皮肤护理生理基础知识、化妆品基础知识、皮肤护理与美体仪器、皮肤护理、美体、芳香疗法、美容院服务常识。

本书结构依据美容院皮肤护理与美体的实际操作流程设计，内容编写深入浅出，理论知识全面细致，适合学生学习专业技能，并能够加强学生对基础理论和技能的掌握。通过对本书的学习，学生可在系统了解皮肤护理与美体理论知识的基础上，掌握皮肤护理与美体的操作技巧和要点。

本书可供全国中等职业技术学校美容美发与形象设计专业使用，也可作为职业培训教材。

本书由邹莹主编，孟庆娜、张军参与编写，郭秋彤审稿。

图书在版编目(CIP)数据

皮肤护理与美体/邹莹主编. —2 版. —北京：中国劳动社会保障出版社，2013
全国中等职业技术学校美容美发与形象设计专业教材
ISBN 978-7-5167-0258-1

Ⅰ.①皮… Ⅱ.①邹… Ⅲ.①皮肤-护理-中等专业学校-教材②健身运动-中等专业学校-教材 Ⅳ.①TS974.1②G883

中国版本图书馆 CIP 数据核字(2013)第 063498 号

中国劳动社会保障出版社出版发行

（北京市惠新东街 1 号　邮政编码：100029）

*

三河市潮河印业有限公司印刷装订　　新华书店经销

787 毫米×1092 毫米　16 开本　9 印张　161 千字

2013 年 9 月第 2 版　　2025 年 5 月第 19 次印刷

定价：23.00 元（含视频光盘）

营销中心电话：400-606-6496

出版社网址：http://www.class.com.cn

http://jg.class.com.cn

出版说明

本套教材在第一版教材的基础上修订和增补，适用于中等职业技术学校美容美发与形象设计专业。教材根据企业岗位和学校教学需求，按照理论部分和操作部分分别组织教学内容，结构形式清晰活泼，并配有教学视频和电子课件。

教材体系

●形象设计概论

●化妆与造型

●皮肤护理与美体

●美发技术

●保健按摩

●美甲技术

各教材的主要结构

●章首设置学习目标和章首语。

●正文理论部分介绍知识及概念，操作部分详解实际操作的方法、流程、技术要领及注意事项。

●正文中穿插“知识链接”“趣味阅读”“知识拓展”“小贴士”“温馨提示”等栏目。

●章末设置“思考·练习”。

教材配套的教学资源

●教学视频光盘包含丰富的操作示范。

●电子课件可通过职业教育教学资源和数字学习中心（http://zyjy.class.com.cn）免费下载。

目 录

绪论 1

思考·练习 4

第一章 皮肤护理生理基础知识 5

第一节 皮肤基础知识 6

第二节 骨骼基础知识 11

第三节 肌肉基础知识 14

第四节 经络、穴位基础知识 19

思考·练习 24

第二章 化妆品基础知识 25

第一节 化妆品的概念和类别 26

第二节 常用护肤美体化妆品 31

思考·练习 39

第三章 皮肤护理与美体仪器 41

第一节 检测类仪器 42

第二节 清洁类仪器 45

第三节 治疗类仪器 50

第四节 减肥类仪器 60

思考·练习 65

第四章 皮肤护理 67

第一节 皮肤分析 68

第二节　面部清洁和脱屑　74
第三节　面部皮肤护理　82
第四节　肩颈、手臂部位皮肤护理方法　85
第五节　细部皮肤护理　92
思考·练习　94

第五章　美体　95
第一节　美形　96
第二节　修饰美容　110
思考·练习　117

第六章　芳香疗法　119
第一节　芳香疗法和芳香精油　120
第二节　芳香美容护理　125
思考·练习　128

第七章　美容院服务常识　129
第一节　接待常识　130
第二节　服务指导　135
思考·练习　137

绪　论

一、美容简介

1. 美容的概念

美容是以美学为主导，以皮肤护理为基础，以化妆技巧为手段，并采用先进的美容仪器，配合经络按摩手法，结合医学美容手术及通过形象设计（发型设计、服装设计）来达到美化人体目的的综合服务科学。它是集护肤、化妆、美发、医疗为一体的交叉科学技术。

2. 美容的服务项目

美容服务项目主要包括：传统美容、中医养生美容、休闲美容、保健美容、SPA水疗、香氛美体、专业男士护理等服务项目。其中中医养生美容将是未来发展的趋势。

3. 美容的分类

美容可以分为医学美容和生活美容。凡应用药物和专门的医疗器械进行保健美容的归属医学美容；凡应用化妆品和一般美容仪器进行美容的归属生活美容。生活美容与医学美容的界定见表1。生活美容与医学美容各有优势又相互渗透，各自独立又相互补充，无论是生活美容还是医学美容，都把美化人体、美化生活、提高生命质量作为共同的目标。本书内容只介绍生活美容知识中的皮肤护理与美体，不涉及医学美容知识。

表1　生活美容与医学美容的界定

项目内容＼类别	生活美容	医学美容
操作者	经过美容专业学习培训过的美容师，或求美者自身	美容医学专业的医务工作者或经美容医学培训过的医护人员
操作内容	化妆造型、减肥瘦身、美甲、美发造型、皮肤护理、形象设计、服装服饰色彩设计	运用药物或美容手术维护、医治、矫形、修饰、再塑人体美
操作方法	一般的艺术修饰、化妆造型，采用化妆品护理皮肤	复杂的医疗外科手术等医疗手段
美学原则	美学与修饰艺术为指导原则	医学与人体美学为指导原则

续表

项目内容 \ 类别	生活美容	医学美容
操作用品、用具	化妆品、美容仪器	药品、专门的医疗器械
使用时间	化妆品可长期使用	愈后药品即停
操作特征	具有明显的艺术修饰性特征和临时性，可随时随意修改和消除	具有明显的医学特征和永久性
主管部门	工商局	卫生局
业务指导管理部门	中华工商联、美容美发研究协会	中华医学会、医学美学与美容学会

二、皮肤护理、美体与美容的关系

皮肤护理和美体是美容的重要组成部分，也是美容服务中的一项主要内容。在美容这个大范围中，皮肤护理和美容仅是其中的小分支。

皮肤护理、美体与美容是从属关系。皮肤护理突出的是皮肤质感的美和色泽的美，美体是指通过专业技术和手法美化、修饰人的形体使其变得美丽、性感。只有具备了靓丽细腻的皮肤和优雅性感的身材，才容易展现出人物的美感。而且在此基础上再进行美发造型、化妆造型、服装服饰设计等，才能充分体现出整体的和谐美。由此看来，皮肤护理、美体与整体美容之间是相互关联、缺一不可的，它们相辅相成、相得益彰。

三、美容师自我形象的塑造

本书中的美容师是指用护理、修饰的方法，从事美化容貌与形体的人员。作为一名合格的美容师，必须要有良好的职业道德和职业素养，要具有严格的职业规范。在工作中更要严格按岗位要求，注重美容师的个人形象。

1. 美容师的职业道德

美容师的职业道德是在服务实践中逐渐形成的对职业行为的道德要求。美容师的责任是美化人体、美化生活，为社会塑造完美的形象。因此必须具备高度的责任感和职业道德，并自觉地将美容师职业道德转化为美容师的行为准则。美容师职业道德表现为以下几方面：

（1）对工作积极热情、忠于职守　美容师应当爱岗敬业，忠于职守。要具有积极的工作态度，饱满的工作热情，认真的工作精神。要重视美容质量，不能有丝毫的漫不经心和敷衍塞责；要善解人意，理解顾客，并把自己当作顾客的良师益友，为顾客做好美容服务工作。

（2）对顾客诚信友好、满腔热忱　美容师对待顾客应做到“五心”，即对技术操作要细心；对顾客服务要尽心；对问题解答要耐心；对顾客的困难要热心；对顾客的批评建议要虚心。满腔热忱地做好顾客的向导、顾问和服务员，让顾客乘兴而来，满意而归，把“讲诚信、讲道德”贯穿于美容服务工作中。

（3）对技术精益求精、锐意进取　爱美是人的本性，美容师所做的皮肤护理工作就是帮助人们实现美的愿望，因此在技术上特别需要精益求精。美容师应精心设计服务程序，认真做好每一项操作内容，把美容工作当作一种文化艺术来创作，使顾客在接受皮肤护理服务中产生美的感受。美容工作是一项非常时尚的工作，随着美容新思潮的推动，美容技术不断推陈出新，美容师要更新观念，锐意进取，接受新理念，研究新问题，掌握新方法，使美容服务真正成为一种时尚的服务工作。

（4）对自己高标准要求、勤奋学习　美容师不仅要掌握皮肤护理技术，还要勤奋学习，培养应变能力和协调能力；要做到“五个学会”，即学会市场调查，学会营销促销，学会揣摩顾客心理，学会追踪客户，学会与客户交朋友。要不断进取，不断学习，练就自己多方面的能力和本领。只有勤奋学习，才能在市场经济的大潮中为所在美容院创造经济利益，为自己积累知识经验，创造业务佳绩。

（5）对同事亲切友善、谦虚真诚　建立良好的工作关系十分重要。美容师在日常工作中要注重虚心向周围的同事学习，耐心倾听别人的意见，严于律己，宽以待人，取长补短，和睦相处。

2. 美容师的职业形象

美容师的形象包括容貌、服饰、言谈、举止、风度、气质等方面。它不仅是外在形象的表现，也是美容师内在综合素质的表现。美容师的形象如何，直接关系着是否赢得顾客，也直接影响着美容院的整体形象和经济利益。因此，美容师的形象必须规范化。美容师在个人形象设计方面应重视以下内容：

（1）发型整洁美观　美容师的发型应以干净、利落为基本要求。选择发型，不仅要考虑个人的个性与脸形，更要注重能够体现职业特点，做到整洁美观。

（2）化妆清新自然　美容师的化妆原则是：自然、清新、细腻、柔和，洋溢健康的精神面貌。怪诞的和不合时宜的装扮不适合美容师的身份。

（3）着装得体大方　美容师的着装要体现其职业特点，穿着要得体大方，颜色以清新淡雅为好。美容师在工作时不允许佩戴饰物，如手镯、手链、戒指等。

（4）双手注意保养　美容师要注意双手的养护，经常用按摩霜、护肤霜保养双手，指甲要剪短并保持清洁卫生，不可涂艳丽色彩的指甲油。

（5）语言亲切随和　美容师要善于了解顾客的心理，学会运用悦耳的声音、

亲切的语调，选择愉快的话题与顾客交谈，并在交谈中与顾客建立友谊。

3. 美容师的姿态规范

姿态，即人们所说的站、坐、走的姿势，待人接物的礼貌及言谈举止的仪容。

姿态美来自于日常的学习与修养。美容师在服务中要努力做到举止优雅、文明礼貌，给人以美的感受。

（1）站姿　优美的站立姿态应该是：挺胸、收腹、直腰、提臀、上身挺立、目光平视、下颌微收、双脚呈“丁”字形站立。做到挺、直、高。挺：即身体各部位要舒展，挺胸抬头。直：即脊柱要与地面保持垂直。高：即身体重心提高。美容师在工作中为减少工作疲劳，两脚可稍微分开，调节和变换身体的重心。规范站姿请参考图 1。

（2）坐姿　正确的坐姿是身挺直、双膝靠拢、两脚稍微分开。美容师在为顾客服务时，身体上部直立，可稍向前倾。规范坐姿请参考图 2。

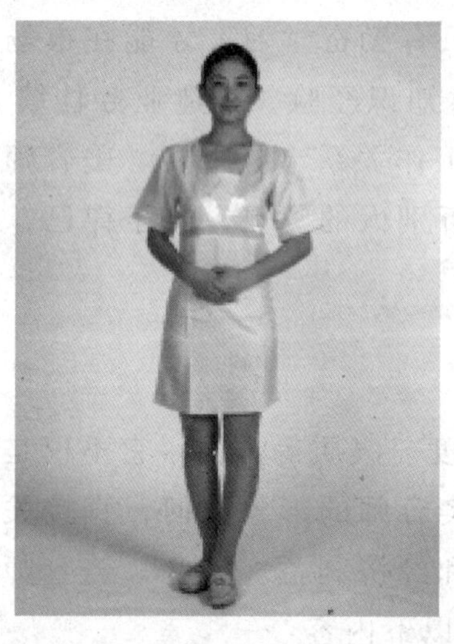

图 1　站姿

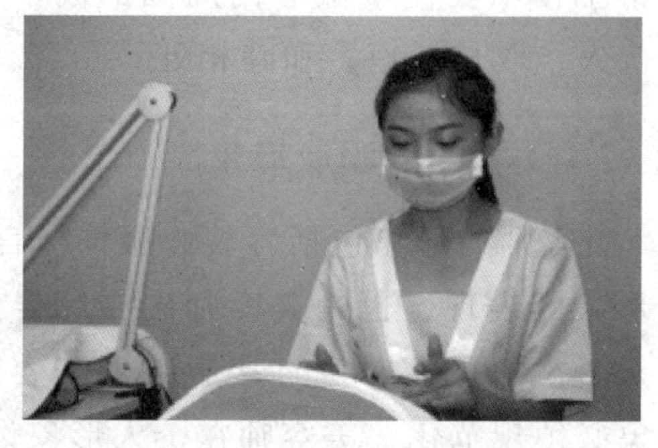

图 2　坐姿

（3）步态　正确的步态是行走时头正、身直，步伐不要迈得太大，双脚基本走在一条直线上，且步伐平稳。

思考・练习

皮肤护理与美体是美容中的重要内容，在社会生活中对人们起着不可低估的作用。它可以美化形象，增强自信心和自身魅力。作为一名美容师，要遵守美容师的职业道德，注重提高自身修养和能力。请你谈谈对自己成为高素质美容师的规划。

第一章　皮肤护理生理基础知识

知识目标

认识皮肤的生理结构，了解人体骨骼、肌肉、穴位的基础知识。

能力目标

能够准确地记忆颈肩部位的肌肉名称和位置。

皮肤护理生理基础知识是美容师从事美容实践的理论依据和必不可少的理论系统组成部分，对美容的专业理论起着重要的引导作用，也为培养和发展美容师技术应用水平，构建起重要的支撑平台。

第一节　皮肤基础知识

皮肤覆盖在人体最外面，与人的容貌密切相关，健康的肌肤给人以美好的感觉。如果皮肤护理不当，出现瑕疵或发生疾病，其美感将会受到影响。因此，美容师应了解皮肤的生理知识，为今后从事皮肤护理服务工作奠定理论基础。

一、皮肤的基本结构

皮肤覆盖于身体表面，是人体最大的器官。它由外向内分为三层，即表皮、真皮和皮下组织，如图1—1所示。皮肤还有一些附属器，即皮脂腺、汗腺、毛发、指(趾)甲等。

1. 表皮

表皮是皮肤最外层的组织。产生表皮的胶原细胞经过有序的从分裂、生长到角化、脱落的过程，在这个过程中，细胞的形态、大小、排列都随之改变。由于表皮的不断更新，不仅保护了被表皮覆盖的组织和器官，而且还可根据胶原细胞不同的生成特点和发展阶段自行修复被操作的表皮，表皮由内向外可分为5层：基底层、棘细胞层、颗粒层、透明层和角质层（见图1—2）。

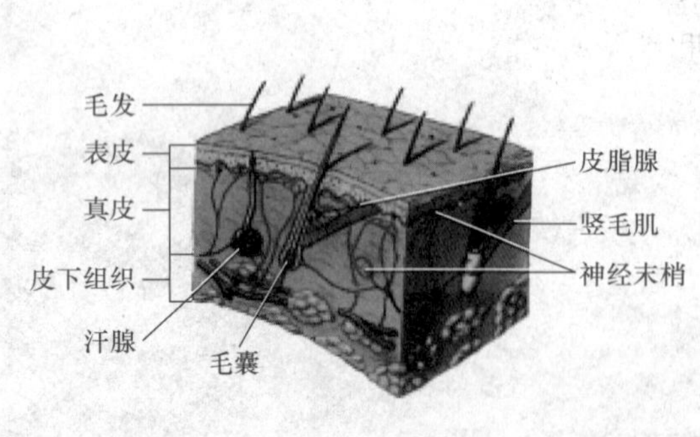

图1—1　表皮组织结构

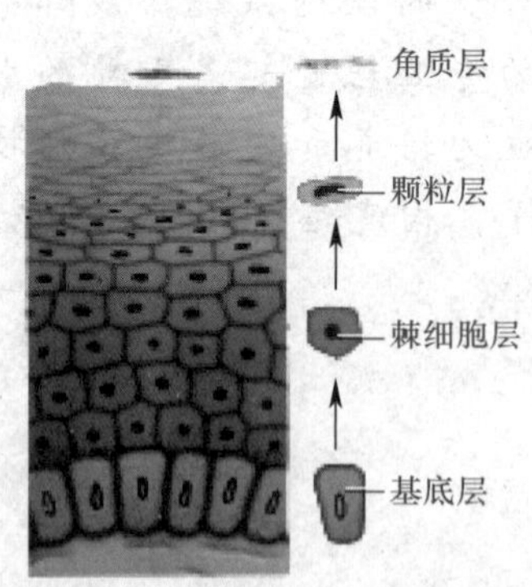

图1—2　皮肤结构

（1）基底层　基底层为表皮最下面的一层。基底层与真皮的交界面成波浪形。这一层与真皮的结合非常牢固。表皮无血管，营养物质及代谢产物通过基底膜进行输送。基底细胞分裂后产生棘细胞，并逐渐向上一层推移。基底细胞中稀疏散

布着黑素细胞，能产生黑素，黑素的多少直接影响到皮肤的颜色。肤色越白，基底细胞内所含的黑素越少，肤色越黑，所含的黑素就越多。黑素沉着就成为各类色素斑。

（2）棘细胞层　棘细胞层由基底细胞分裂并向上推移而成，由4～8层多角形、有棘突的细胞组成。因其细胞具有棘突，故名“棘细胞”。棘细胞间有明显的间隙，有利于组织液流通，为表皮提供营养物质。棘细胞层是表皮中最厚的一层，细胞自下而上逐渐扁平。棘细胞层功能的好坏与表皮的色泽有关。

（3）颗粒层　棘细胞层向上生长，形成由2～4列梭形细胞，便组成颗粒层。这一层有拒水的磷脂质，从而形成防水屏障，阻止表皮水分向角质层渗透。

（4）透明层　透明层位于颗粒层之上，由2～3列老化的无核细胞组成。因为透明层在常规染色切片中透明无色，故而得名。透明层含磷脂类物质较多，是防止水分流失和电解质通过的屏障带。透明层具有保持酸碱平衡的作用。

（5）角质层　角质层为表皮的最外层，由4～10层已经死亡的角质细胞组成，角质层细胞虽然已角质化，但含有大量的软纤维蛋白即角质蛋白，有较强的吸水性，对酸、碱、有机溶酶等物质有一定的保护作用，是表皮最主要的保护层。角质细胞保持一定的形成和脱落的速度，它从基底细胞产生到最后变成皮屑脱落大约需要28天。角质层保持适当的厚度，脚掌角质层厚，眼睑角质层薄。角质层还可起到折射和吸收紫外线作用，其薄厚对皮肤的颜色和吸收能力有一定的影响，角质层越薄，营养成分就越容易被吸收。

2. 真皮

真皮位于表皮和皮下脂肪组织之间，由胶原纤维、网状纤维、弹力纤维以及细胞和基质构成。真皮内还有一些皮肤附属器，如毛囊、汗腺、皮脂腺及神经、血管和淋巴管。真皮一般分为两部分，即上部的乳头层和下部的网状层。乳头层组织疏松，网状层组织紧密。真皮胶原组织坚韧而有弹性，对皮肤组织起保护的作用。它吸收水分，调节温度，与皮肤神经一起形成表面感觉作用。

（1）胶原料纤维　胶原料纤维是真皮结缔组织的主要成分，在乳头层，纤维较细，排列疏松，方向不定。胶原纤维韧性大，抗拉力强，但缺乏弹性。

（2）网状纤维　网状纤维细小，有较多的分支，彼此交织成网。它主要由胶原蛋白构成，主要分布在乳头层、皮肤附属器和神经周围。

（3）弹力纤维　弹力纤维分布于真皮和皮下组织，使皮肤具有弹性，在皮肤

附属器和神经末梢周围也有分布，起支架作用。

（4）细胞　成纤维细胞、吞噬细胞和肥大细胞是真皮中的常驻细胞，还有由血液迁徙来的细胞和黑素细胞。成纤维细胞产生纤维和基质。

（5）基质　基质填充于纤维与细胞之间，主要化学成分为蛋白多糖。它能保持皮肤水分，对皮肤组织起修复作用。真皮中基质含量的多少与年龄有关。幼年时真皮中基质含量较高，中年时减少，老年时则更少。真皮中基质一旦减少，就开始产生皱纹了。

3. 皮下组织

皮下组织位于真皮下方，由疏松结缔组织和脂肪构成，又称皮下脂肪层。这层还有汗腺、毛根、血管、淋巴管和神经等。皮下组织的厚度根据人的年龄、性别、营养及部位不同而有较大的区别。适度的皮下组织可以使人显得丰满，使皮肤富有弹性。

4. 皮肤附属器

皮肤附属器包括皮脂腺、大小汗腺、指（趾）甲和毛发等。

（1）皮脂腺　全身除手掌、足底外，其他部位都有皮脂腺的分布。皮脂腺的主要功能是分泌皮脂，以润泽皮肤和毛发。皮脂腺的分泌受雄性激素的影响很大，青春期雄性激素分泌增加，常引起皮脂分泌过多，腺导管被阻塞、感染而形成痤疮。老年人雄性激素分泌减少，所以皮脂分泌减少，导致皮肤和毛发干燥而失去润泽。皮脂腺分泌皮脂的多少与皮肤的性质有关。如分泌量适中为中性皮肤；过多则为油性皮肤；过少则为干性皮肤。

（2）小汗腺　小汗腺分布于全身，在手掌和足底最多。主要功能是分泌汁液，也有湿润皮肤和调节体温的作用。

（3）大汗腺　大汗腺分布于腋窝、乳头等处。大汗腺分泌产生特殊的臭味，

被称为“腋臭”或者“狐臭”。大汗腺的分泌受性激素的控制，因此青春期及女性行经期间分泌较旺盛。

（4）指（趾）甲　指（趾）甲为半透明状，由多层紧密的角质细胞构成。暴露部分称为甲扳。皮肤与甲扳连接部位称为甲床，内含血管和神经。甲扳后部分称为甲半月。甲半月的最后部分称为甲根，深藏在皮肤下。指甲可保护其覆盖下的组织，帮助手指完成各种精细的动作。指甲的生长速度约为每天 0.1 mm。指（趾）甲结构如图 1—3 所示。

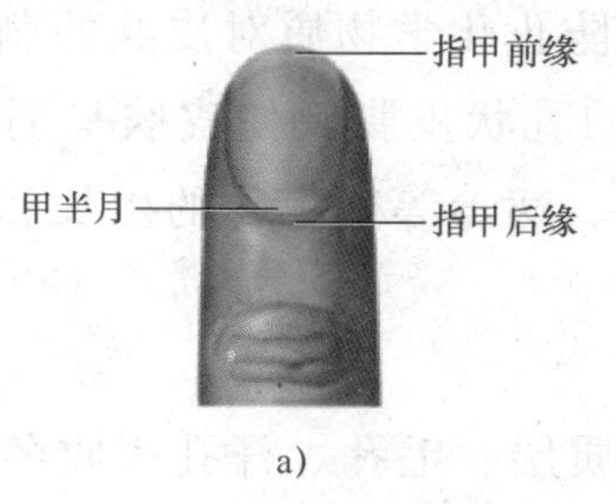

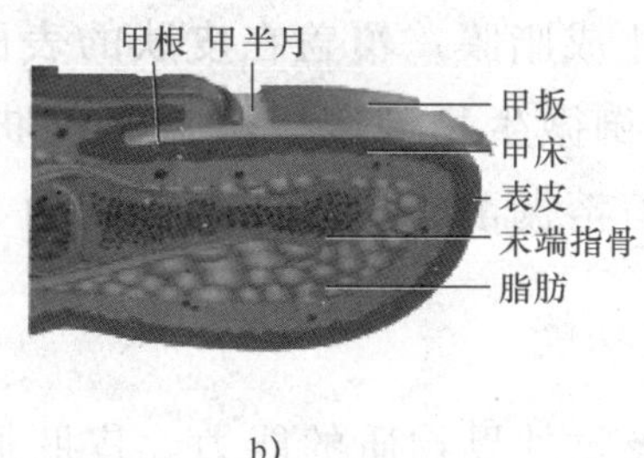

图 1—3　指（趾）甲结构

a）指甲　b）趾甲

（5）毛发　毛发为杆状，斜插入皮肤，露在外面的部分称为毛干，埋藏于皮肤内的部分称为毛根，毛根末端膨大呈球状，称为毛球。包围毛根的上皮组织称为毛囊，真皮的结缔组织深入其中构成毛乳头，内含丰富的血管和神经，供给毛球以营养。毛球下层的毛母质细胞有分裂能力，是毛发及毛囊的生长区，内含黑素细胞（见图 1—4）。

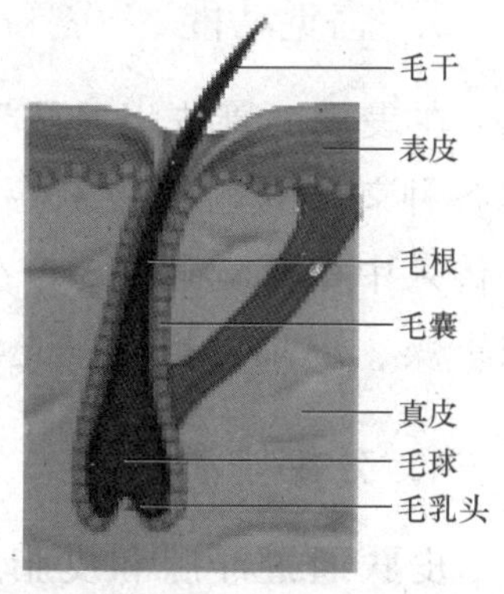

图 1—4　毛发结构

二、皮肤的生理功能

由于皮肤结构十分复杂、精确度高，决定了皮肤广泛和综合性的生理功能。其中与美容有直接关系的生理功能有：保护功能、吸收功能、感觉功能、分泌排泄功能、体温调节功能、呼吸功能、新陈代谢功能等。皮肤的生理功能一旦失常，便会发生皮肤的损害，严重的还会引起全身的疾病。

1. 保护功能

皮肤主要能抵御以下外来刺激。

（1）抵御机械性刺激　坚韧的表皮，特别是角质层紧密地连接在一起，加上具有弹性的真皮以及能起到软垫作用的皮下脂肪层，使皮肤能缓冲和抵御机械性刺激，如摩擦、牵拉、挤压、冲击等。

（2）抵御物理性刺激　皮肤角质层的角质细胞能吸收短波紫外线，棘细胞和基底细胞能吸收长波紫外线，基底层的黑素细胞更能吸收大量伤害皮肤的中波紫外线，以避免紫外线穿透皮肤。皮肤和毛发表面表皮凹凸不平，部分角质细胞呈剥离状态，客观上起到了反射紫外线的作用。

（3）抵御化学性刺激　致密的角质层能阻止化学物质的侵入。皮肤分泌的皮

脂和汗液乳化成脂膜，覆盖在皮肤的表面，能防止化学物质对皮肤的刺激。

（4）抵御微生物侵袭　覆盖于皮肤表面的乳状皮脂膜使皮肤呈弱酸性，而且皮脂膜还含有溶菌酶，所以能抑制细菌、真菌、病毒等微生物的生长和繁殖。

2. 吸收功能

皮肤有吸收外界物质的能力。皮肤通过角质层、毛孔、汗孔吸收各种物质，尤其对水分、脂溶性物质、油脂类物质及各种金属均有较强的吸收作用。因此，选择化妆品时，必须考虑到化妆品经皮肤吸收后是否对皮肤的健康有利。

3. 感觉功能

在表皮、真皮以及皮下组织内广泛地分布着神经末梢和各种特殊感受器。外界的各种刺激接触到皮肤后，神经末梢和特殊感受器将刺激沿着相应的感觉神经纤维传入中枢感觉通路，产生不同的感觉，如痛、痒、冷、热等，也能产生复合感觉，如干燥、潮湿、粗糙、光滑等。

4. 分泌排泄功能

皮肤通过汗腺和皮脂腺进行分泌和排泄。皮肤在24小时内排泄出的汗液重达500～700克。皮脂腺在头面部、肩背部等处分泌量多，特别是在鼻尖与鼻翼部位尤其旺盛。皮脂能滋润皮肤和毛发，使皮肤柔软、润泽，使头发不易断裂。皮脂腺的分泌直接受内分泌的控制，也受年龄及性别的影响，同时与饮食、气候也有关。如儿童期分泌较少，青春期分泌旺盛，老年期明显下降；男性分泌较多，女性分泌相对较少。

5. 体温调节功能

人体的热量约有80%经皮肤散出。当外界温度太低时，真皮内的毛细血管收缩，血流速度减慢，起到防止体内热量散发的作用。当外界温度太高时，毛细血管扩张，血流速度加快，起到促进体内热量散发的作用。如果此时仍不能够完全散发热量，中枢神经就会立即“命令”汗腺分泌汗液来帮助散发体内的热量。

皮下组织的脂肪层具有保温作用，能够防止体温散发。所以一般而言，胖者多怕热而不怕冷。

6. 呼吸功能

皮肤有直接从空气中吸收氧气、排出二氧化碳的功能。面部皮肤角质层较薄，毛细血管网丰富，又直接暴露于空气中，因此它的呼吸功能比其他部位更为突出。儿童面部吸氧量更大，因此选择儿童护肤品时必须加以注意。

7. 新陈代谢功能

皮肤细胞的分裂再生、新陈代谢活动，一般在夜晚22点至凌晨2点之间最为活跃，因此，做好晚间的洁肤、护肤和保证睡眠质量对皮肤大有益处。皮肤作为人体的器官参与人体的糖、蛋白质、水、电解质等物质的新陈代谢活动。皮肤中含有大量的水分和脂肪，它们不仅使皮肤丰满润泽，还为整个机体提供能量。

第二节　骨骼基础知识

骨骼是人体内最坚硬的组织，它构成人体的支架和基本轮廓。成年人骨骼共有206块。

一、头面部骨骼

颅是头面部骨骼的总称，是头部重要器官的支架和保护器。颅骨分为脑颅和面颅两部分。

1. 脑颅

骨骼有4块，分别为：额骨、枕骨、蝶骨、筛骨；成对骨有4块，分别为：顶骨和颞骨各2块。如图1—5a所示。

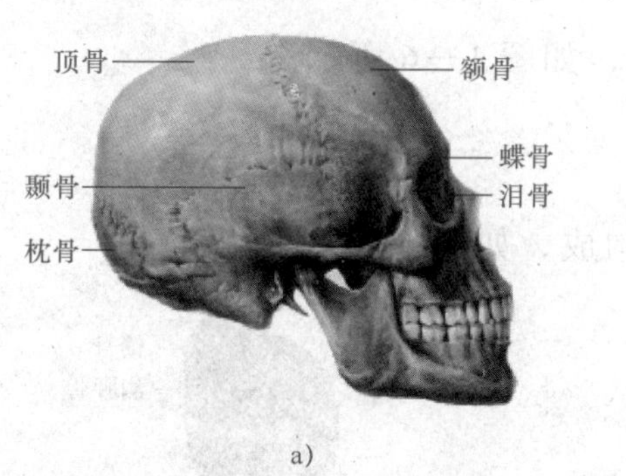

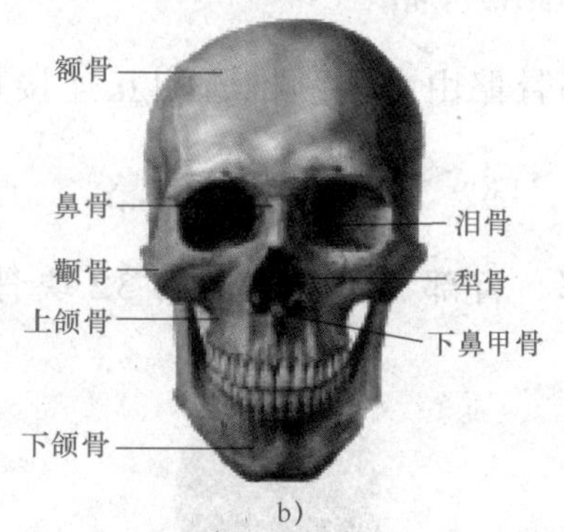

图1—5　脑颅和面颅
a）脑颅　b）面颅

（1）顶骨　左右各一，位于颅顶中线两侧，形成脑颅的圆顶。

（2）颞骨　左右各一，位于颅的两侧，其下部有外耳门。

（3）枕骨　位于颅的后下部，呈勺状，构成颅底。

（4）额骨　位于颅的前上部，构成长方形的前额。

（5）蝶骨　位于颅的中部，枕骨前方，形似蝴蝶，与脑颅各骨均有连接。

2. 面颅

面颅位于头的前下方，为眉以下、耳以前的部分，起维持面形、保护和容纳感觉器官（如口、眼、鼻等）的作用。面颅共15块，其中不对称骨3块，分别为：犁骨、下颌骨、舌骨（其位置在图1—5中标出）。成对骨12块，分别为：鼻骨、泪骨、下鼻甲骨、颧骨、上颌骨、腭骨各2块。面颅如图1—5b所示。

（1）鼻骨　位于两眼眶之间，构成鼻梁的硬骨。

（2）颧骨　位于上颌骨的外上方，形成两侧突出的面颊。

（3）上颌骨　位于面部中央，构成眼眶下壁、鼻腔下部，其下缘游离，为牙槽缘。

（4）下颌骨　位于面部的前下方，居上颌骨之下，形成整个下颌部；分为下颌体和下颌支两部分。下颌体与下颌支之间形成下颌角，这个角度的大小，决定了脸形的长或圆。

（5）犁骨　为斜方形薄骨板，构成鼻中隔骨部的后下部。

（6）下鼻甲骨　一对卷曲的薄骨片，呈水平状，附于鼻腔外侧壁。

二、颈部、肩部、臂部、手部骨骼

1. 颈部骨骼

颈部骨骼由7块颈椎骨相互连接构成，如图1—6所示。

2. 肩部、臂部、手部骨骼

肩部、臂部、手部主要由32块骨骼构成，如图1—7所示。

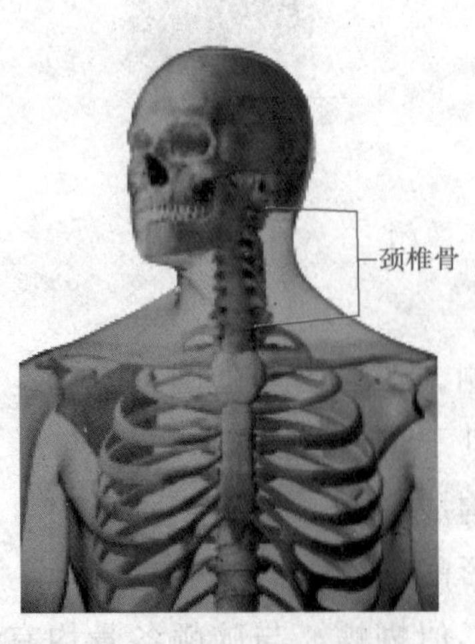

图1—6　颈部骨骼

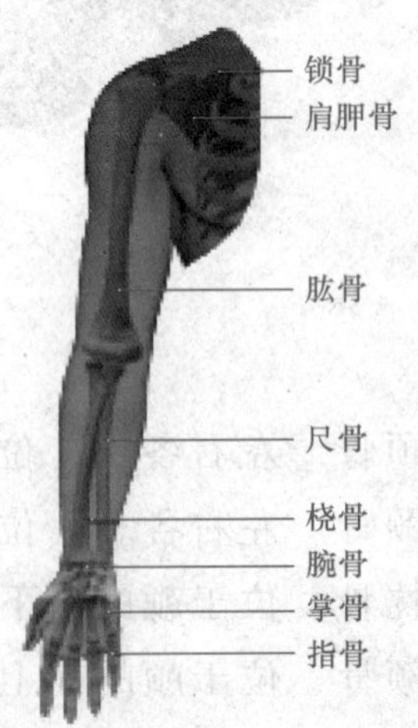

图1—7　肩部、臂部、手部骨骼

（1）锁骨　构成肩部前方的细长骨骼。

（2）肩胛骨　位于肩、背部上外侧的三角形扁骨。

（3）肱骨　构成上臂的长骨，它的上端与肩胛骨、锁骨共同构成肩关节。

（4）尺骨　位于前臂小指侧的长骨。

（5）桡骨　位于前臂拇指侧的长骨。

（6）腕骨　为 8 块不规则形的小骨骼，排列成为两排，由韧带连接成活动的关节，构成手腕部。

（7）掌骨　构成手掌的大小不一的细长形小骨骼，共 5 块。

（8）指骨　构成手指的大小不一的细长形小骨骼，每只手共 14 块，其中包括拇指 2 块，其余四指各 3 块。

三、腿部骨骼

腿部骨骼包括髋骨、股骨、髌骨、腓骨、胫骨、足骨，两侧共 62 块（见图 1—8）。

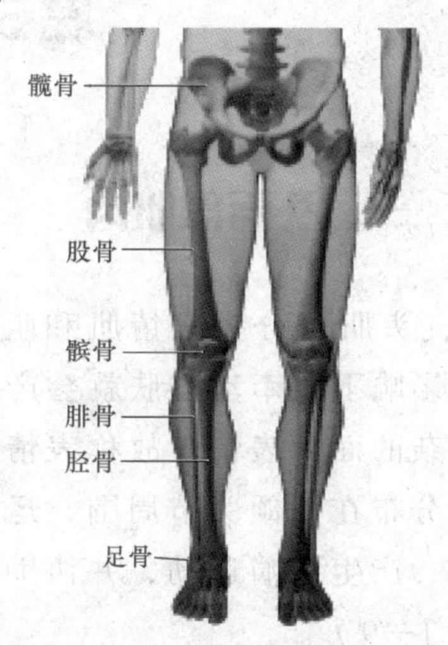

图 1—8　腿部骨骼

1. 髋骨

髋骨为一不规则的扁骨。幼年时由髂骨、坐骨和耻骨借软骨连在一起。成年后，软骨软化，三骨融合为一块髋骨。髋骨外面有一深凹称为髋臼，是髂骨、坐骨和耻骨的融合部位。

2. 股骨

股骨是人体最长的骨。上端为股骨头，与髋臼构成关节。股骨下端粗大，借一深凹分为向后卷曲的内侧髁与外侧髁。内侧髁与外侧髁的下面及后面都是关节面，两关节面的前方连接成髌骨。

3. 髌骨

髌骨为长三角扁骨，包埋在股四头肌的肌腱中，后面有关节面与股骨的髌骨面相接触。

4. 腓骨

腓骨较细，位于小腿外侧，其上端肥大，为腓骨头，下端粗大称为外踝。

5. 胫骨

胫骨较粗，位于小腿内侧，其上端内侧髁和外侧髁，两髁上面各有关节与股骨相应的髁相关连。下端内侧髁有向下突出的内踝。

6. 足骨

足骨跗骨共 7 块，排成两列。近侧列有距骨和下方的跟骨。近侧列由内向外分别为第一、二、三楔骨和骰骨，在距骨和三块楔骨之间还有一块舟骨。距骨共 5 块，每块分为底、体、头三部。底与楔骨或骰骨相关连，头与第一节趾骨底相关连。趾骨共 14 块，除踇趾为两节外，其余各趾为三节。

第三节　肌肉基础知识

一、头面部肌肉

头肌可分为表情肌和咀嚼肌两类。表情肌位于脸部正面，肌肉在不同的情绪影响下，牵动皮肤就会产生细致而复杂的面部表情，故称表情肌。咀嚼肌分布在下颌关节周围，运动下颌关节，产生咀嚼运动，并协助说话（见图 1—9）。

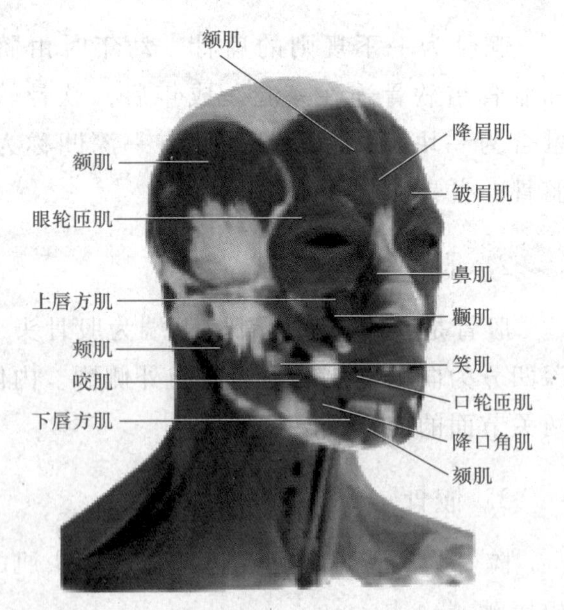

图 1—9　头面部肌肉

1. 表情肌

表情肌属于皮肌，大部分分布于额、眼、鼻、口周围。起始于颅骨，止于面部皮肤。收缩时使面部皮肤形成许多不同的皱褶与凹凸，赋予颜面以各种表情，可做出喜、怒、哀、乐等表情，并参与语言和咀嚼等活动。表情肌主要有下列几种：

（1）额肌　起始于眉部皮肤，终止于帽状腱膜。收缩时可提眉，并使额部出现横向的皱纹。

（2）眼轮匝肌　位于眼裂和眼眶周围，为扁椭圆形环状肌肉。收缩时可闭眼

或眨眼，使眼外侧出现皱纹等。

（3）上唇方肌　有三个头，起始于内眼角、眶下缘和颧骨，终止于上唇和鼻唇沟部皮肤。收缩时可提上唇，加深鼻唇沟。

（4）下唇方肌　属于深层肌肉，起始于下颌骨下缘，终止于口角和下唇皮肤。收缩时，向下向外牵引下唇。

（5）颊肌　位于上下颌骨之间，紧贴口腔侧壁黏膜。收缩时使口唇、颊黏膜紧贴牙齿，帮助吸吮和咀嚼。

（6）降眉肌　也称三棱鼻肌，起始于鼻骨上端，向上连接眉头的皮肤，可加强皱眉肌所形成的表情。

（7）皱眉肌　起始于额骨，终止于眉中部和内侧部皮肤，可牵动眉向内下方运动，使眉间皮肤形成皱纹。

（8）鼻肌　为几块扁平的小肌肉，收缩时可扩大或缩小鼻孔，并产生鼻背纵向的细小皱纹。

（9）颧肌　起始于颧骨，终止于嘴角，移行于下唇。收缩时，可上提嘴角。

（10）笑肌　薄而窄的肌肉，起始于耳孔下咬肌的筋膜，横向附着于嘴角的皮肤上。收缩时，牵引嘴角向外，形成微笑，常使面颊上出现一个小窝，俗称“酒窝”。随着年龄的增长这里的皮肤因松弛而形成颊纹。

（11）口轮匝肌　呈环形围绕口周，内围为红唇部分，收缩时嘴唇轻闭或紧闭，外围收缩时，使嘴唇向下。

（12）降口角肌　呈三角形，位于下唇外方，覆盖下唇方肌，附着于嘴角皮肤。收缩时，牵引嘴角向下。

（13）颏肌　起始于下颌侧切牙牙槽外面，终止于颏部皮肤。收缩时，可上提颊部皮肤并使向前凸。

2. 咀嚼肌

咀嚼肌附着于上颌骨边缘、下颌角旁的骨面上，产生咀嚼运动，并协助说话。

（1）颞肌　起始于颞窝，通过颧弓深面，止于下颌支的冠突。收缩时，将下颌骨提起，紧闭口部，帮助咀嚼。

（2）咬肌　也称嚼肌。起于颧弓下缘，止于下颌支外。收缩时，可上提下颌骨，因而紧扣颌骨，用力压在牙齿上，使上下牙齿强力咬合。

无论面部肌肉多么复杂，其所形成的皱纹走向与肌肉纹路走向垂直，如额部肌肉纹路是纵向的，其所产生的皱纹就是横向的。

二、颈部、肩部肌肉

1. 颈部肌肉

颈部肌肉分为颈浅肌、颈中肌和颈深肌三群。这里重点介绍与按摩有关的颈浅肌群。颈浅肌群包括颈阔肌和胸锁乳突肌，如图 1—10 所示。

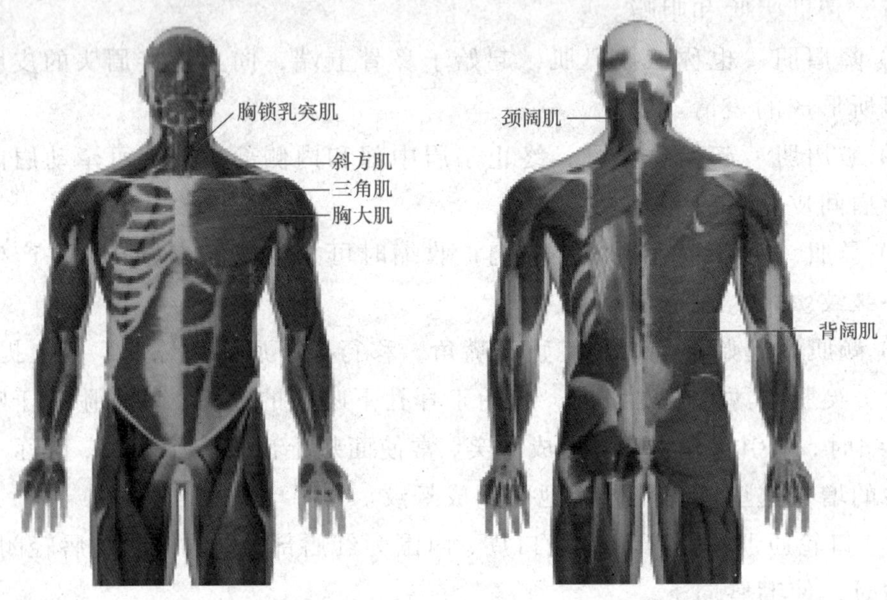

图 1—10　颈部、肩部肌肉

（1）颈阔肌　颈阔肌属于皮肌，位于颈部浅筋膜中，起于胸部的胸大肌和肩部的三角肌表面筋膜，止于面部的嘴角，有紧张颈部皮肤和下拉嘴角等作用。收缩时，牵动嘴角向下，呈现忧愁状，并使颈部皮肤出现皱纹。

（2）胸锁乳突肌　位于颈阔肌的深面，斜列于颈部两侧，起于胸骨体和锁骨胸骨端，向正上方，止于颞骨乳突部及枕骨上项线，可产生转头、仰头的动作。

2. 肩部肌肉

肩部肌肉由三角肌、斜方肌、背阔肌等主要肌肉组成，如图 1—10 所示。它通过不同部位的肌肉收缩，完成头部、肩部及手臂的动作。

（1）三角肌　位于肩部，为三角形肌肉，它控制肩关节的活动并使手臂抬举转动。

（2）斜方肌　位于颈部和背上部的浅层，为三角形的阔肌，左右各一块，合

在一起呈斜方形。它能使肩胛骨运动并参与头部转动。

（3）背阔肌　位于背的下半部及胸的后外侧。它可以控制手臂的摇摆动作。

三、手臂、手部肌肉

1. 臂部肌肉

臂部肌肉很多，由肱二头肌、肱三头肌、旋前肌群、旋后肌群、屈肌群、伸肌群等组成，如图 1—11 所示。

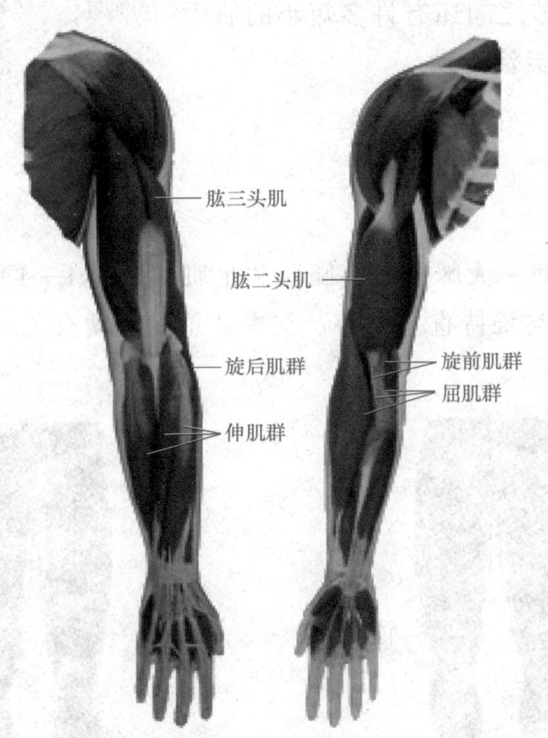

图 1—11　臂部肌肉

（1）肱二头肌　位于上臂前方，呈梭形。它可以屈肘，旋转前臂。

（2）肱三头肌　位于上臂后方。它可以伸肘关节，控制肩部前后运动。

（3）旋前肌群　为前臂的一组肌肉，活动时，使桡骨旋向后方，手掌向下。

（4）旋后肌群　位于前臂上部，活动时，使桡骨旋向后方，手掌向上。

（5）屈肌群　为前臂内侧的一组肌肉，有屈腕、屈指的作用。

（6）伸肌群　为前臂外侧的一组肌肉，有伸腕、伸指的作用。

2. 手部肌肉

手部肌肉可分为内侧群、中间群和外侧群三组，如图 1—12 所示。

（1）内侧群　人称小鱼际，主要运动小拇指。

（2）中间群　主要运动二、三、四指。

（3）外侧群　人称大鱼际，主要运动大拇指。

此外，手部各关节之间还有许多短小的肌肉，它们可以使手指灵活运动。

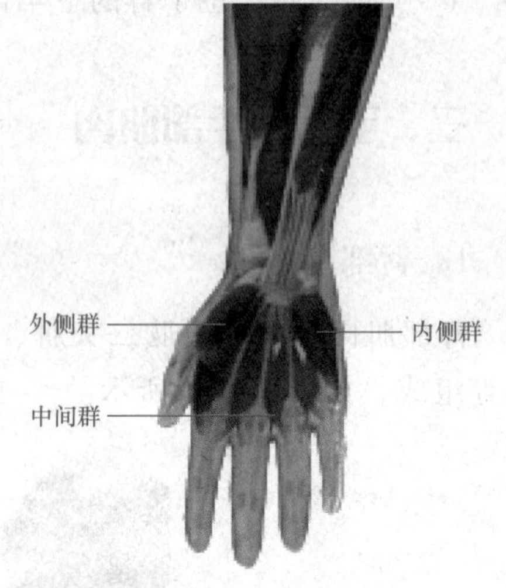

图 1—12　手部肌肉

四、腿部肌肉

腿部肌肉分为髋肌、大腿肌、小腿肌和足肌，如图 1—13 所示。腿部肌肉比手臂肌肉粗壮强大，这与维持直立姿势、支撑体重和运动有关。

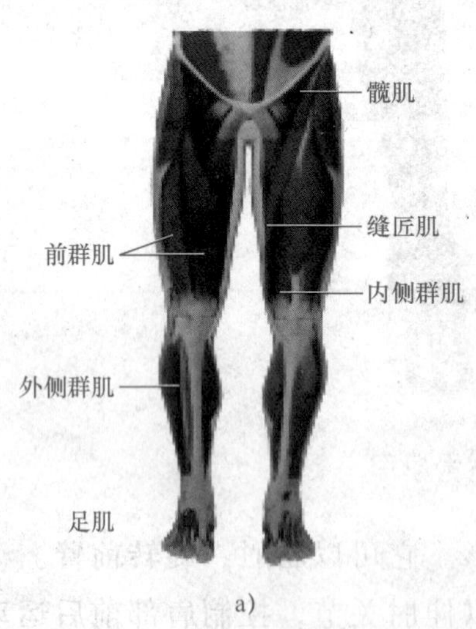

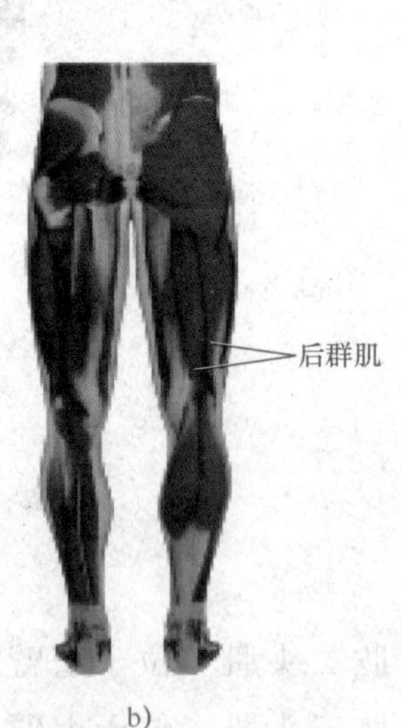

图 1—13　腿部肌肉

a）正面　b）背面

1. 髋肌

为运动髋关节的肌群，分为屈肌与伸肌。

2. 大腿肌

包围在股骨周围，可分为前群肌、后群肌、内侧群肌。

（1）前群肌　位于股骨前方，主要有股四头肌。股四头肌是膝关节强有力的伸肌。

（2）后群肌　位于大腿后面，如股二头肌和半腱肌等。主要功能是屈小腿、后伸大腿。

（3）内侧群肌　位于大腿内侧，主要功能是收缩大腿。

3. 小腿肌

可分为前群肌、外侧群肌和后群肌。

（1）前群肌　位于胫骨、腓骨及骨间膜的前面，使足背屈。

（2）外侧群肌　附于腓骨的外面，使足趾屈和外翻。

（3）后群肌　位于胫骨、腓骨及骨间膜的后面。主要的屈股有小腿三头肌，它是由腓肠肌和比目鱼肌组成。腓肠肌内、外侧端分别起自股骨内、外侧髁，比目鱼肌起于腓骨近端的后面。两肌合并后，以粗大的跟腱止于跟结节。小腿三头肌是踝关节的有力屈肌，对于走路、跑跳和维持人体的站立姿势起着十分重要的作用。

4. 足肌

分为背肌和足底肌，主要位于足底，分布与手掌肌相似，起运动足趾和维持足弓的作用。

第四节　经络、穴位基础知识

中医学认为经络是人体气血运动的通路，穴位是脏腑经络之气输注于体表的部位。在皮肤护理课程中融进经络、穴位知识，旨在突出以中医学独特的经络理论为指导，利用经络穴位进行美容，使经络平衡，气血旺盛，从而达到护肤养颜的目的。

一、经络

经络是一门非常玄妙的科学。但是，它却以一种独特的循行规律存在着。

1. 经络的概念

经络是经脉和络脉的总称。“经”有路径的含义。经脉贯穿上下，沟通内外，是经络的主干；“络”有网络的含义，纵横交错，遍布全身。络脉较经脉细小，是经脉的分支。脉的本义是“血脉”，它与人体的气血有极其重要的关系。

中医学认为经络是人体气血运行的通路。经脉系统以十二经脉为主体，由奇经八脉、十五孙络、浮络等构成。

2. 十二经脉

十二经脉是经脉系统的主体内容，也是学习皮肤护理需要掌握的经络方面的重要基础知识。十二经脉贯通全身，又都汇集于头面部，其循行方式体现了其“沟通上下，联系内外，循行气血，双向调节”的功能。只有掌握了十二经脉的基础知识，才能科学有效地进行皮肤护理实践活动。

（1）十二经脉的组成　十二经脉是气血运行的主要通道，它由“手足三阴经”和“手足三阳经”组成，合称“十二经脉”，如图 1—14 所示。

（2）十二经脉的走向和相交规律　十二经脉的走向和相交有一定的规律。手三阴经从胸腔走向手指末端；手三阳经从手指末端走向头面部；足三阳经从头面部走向足趾末端；足三阴经从足趾走向腹腔、胸腔。这样就构成一个“阴阳相贯、如环无端”的循环经路，如图 1—15 所示。

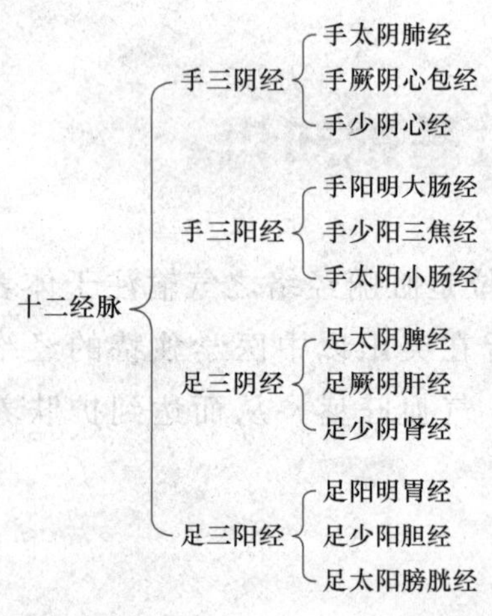

图 1—14　十二经脉的组成

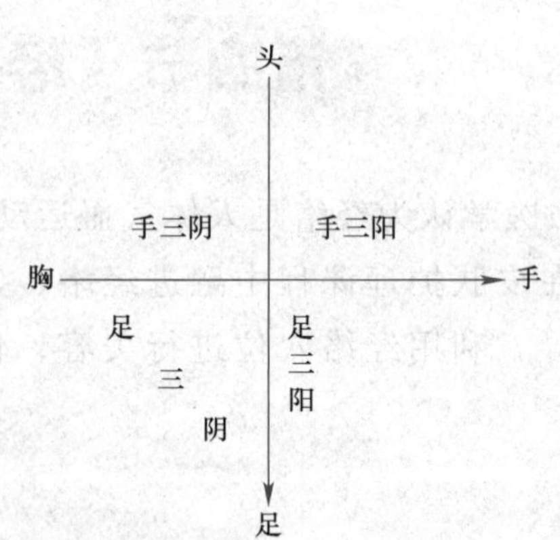

图 1—15　手足阴阳经脉走向和相关规律示意图

（3）十二经脉循行　十二经脉分布在人体内外，经脉中的气血运行是循环贯注的。其首尾相贯次序如图 1—16 所示。

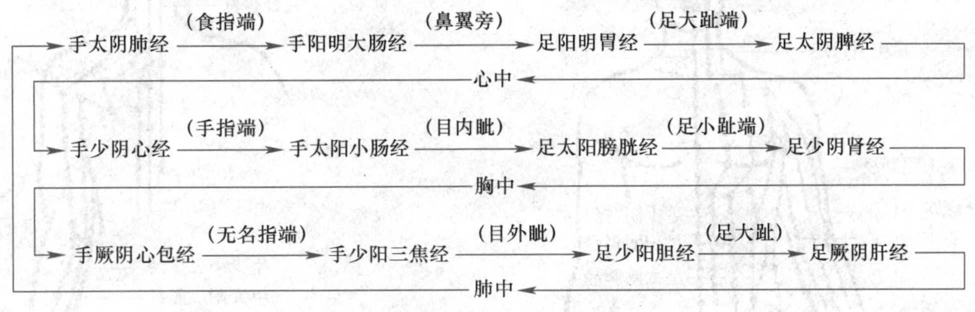

图 1—16　十二经脉气血循环

3. 头面部、肩部、手臂、手部经络

（1）头面部经络　十二经脉中分布于头面部的经脉主要是阳经。其分布是：阳明经分布于鼻翼、额部；太阳分布于头顶、额头及眼内眦；少阳经分布于头侧部。头面部的主要经络为：手阳明大肠经、手太阳小肠经、手少阳三焦经、足阳明胃经、足太阳膀胱经、足少阳胆经。其实手足三阴经、奇经八脉也直接或间接地与头面部相联系，将五脏六腑的精气源源不断地送到面部，使面容润泽，官窍聪灵。

（2）肩部、手臂、手部经络　十二经脉中肩部、手臂、手部的经络分布为：手三阳经全部经行于肩胛部分，手三阴经均从腋下走出。其主要经络为：手阳明大肠经、手少阳三焦经、手太阳小肠经、手太阴肺经、手厥阴心包经、手少阴心经、足少阳胆经、足太阳膀胱经及督脉，如图 1—17 所示。

二、穴位

1. 穴位的概念

穴位即腧穴，是人体脏腑经络之气输注于体表的部位。

2. 穴位与经络的关系

“穴位”是中国古人几千年来在与疾病抗争中逐步认识、逐步发现的。最初，人们偶然撞击到身体某个部位，却惊奇地发现原先的病痛消失了，以后再出现病痛时，人们就有意识地按摩这些部位来减轻病痛。经过长期摸索，对这些部位做了固定的命名，这就是穴位的由来。

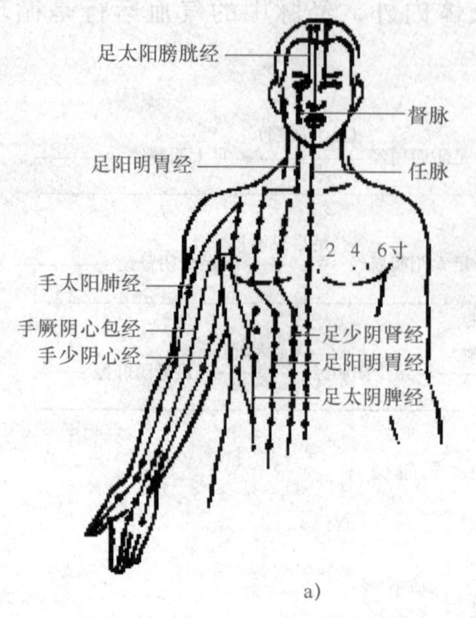

a)

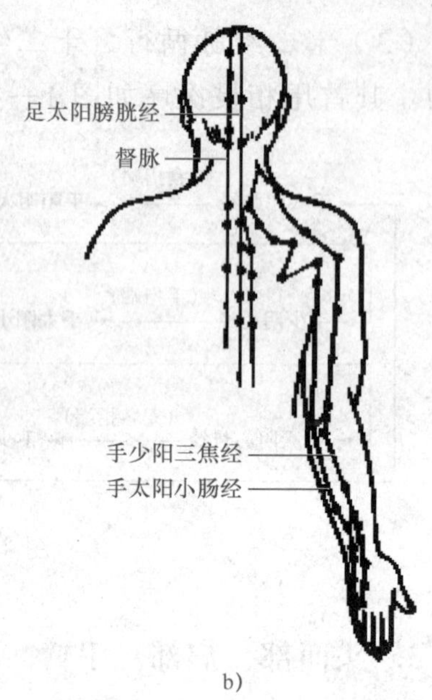

b)

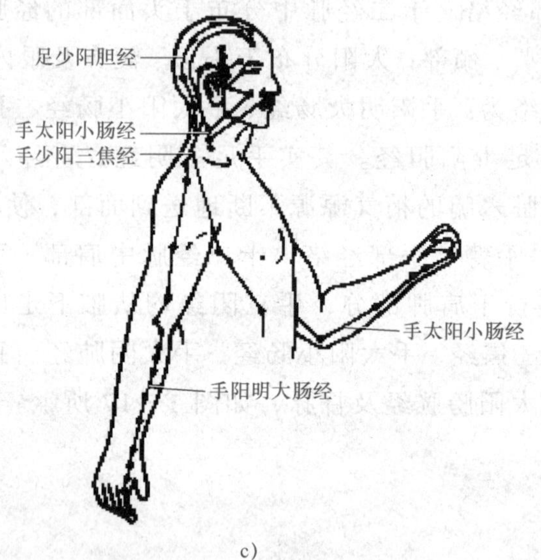

c)

图 1—17　人体经络正面、背面、侧面
a）正面　b）背面　c）侧面

如果把经络比作公交线路，那么穴位就是公交线路上的每个车站；如果把经络比作河流，那么穴位就是连接河流的湖泊。

经过历代医学家整理分类，把这些体表孤立的、散在的穴位，按照其主治作用连接成线，这就成了经络走向图。所以人体的穴位均分别隶属于某条经络，而经络又隶属于各脏腑，这就形成了穴位—经络—脏腑之间相互联系、不可分割的关系。

3. 皮肤护理常用穴位

（1）头面部穴位（见表 1—1）

表 1—1 头面部穴位

序号	名称	定位	归经	主治
1	百会穴	两个耳尖连线跨越头顶与头部前后正中的交点	督脉	头痛、眩晕、神经衰弱
2	神庭穴	在前发际正中向上 0.5 寸	督脉	头痛、眩晕、失眠、目赤肿痛
3	太阳穴	眉梢与外眼角之间向后 1 寸凹陷处	经外奇穴	头痛、眩晕、感冒、三叉神经痛、眼病
4	印堂穴	两眉头连线的中点	经外奇穴	牙痛、眩晕、失眠等
5	翳风穴	耳垂后方凹陷处	手少阳三焦经	耳聋、耳鸣、面瘫等
6	听宫穴	耳屏前凹陷处	手太阳小肠经	耳聋、耳鸣、牙痛
7	听会穴	听宫穴下方，与耳屏间切迹相平	足少阳胆经	耳鸣、耳聋、牙痛
8	睛明穴	眼内眦上方凹陷处	足太阳膀胱经	近视、青光眼、视神经萎缩、夜盲、色盲
9	攒竹穴	眉头内侧凹陷处	足太阳膀胱经	三叉神经痛、面瘫及诸眼科疾病
10	鱼腰穴	眉毛的中点	经外奇穴	眉棱骨痛、目赤肿痛、眼肌眶动
11	丝竹空穴	眉梢外侧凹陷处	手少阳三焦经	偏头疼、耳病、面瘫
12	瞳子髎穴	外眼角向外移 0.3 寸左右的凹陷处	足少阳胆经	眼病、偏头痛
13	承泣穴	眼平视，瞳孔直下，下眼眶边缘	足阳明胃经	急慢性眼病、视神经萎缩
14	四白穴	眼平视，瞳孔直下，眼眶下方	足阳明胃经	三叉神经痛、眼病面瘫等
15	巨髎穴	眼平视，瞳孔直下，颧骨下缘凹陷处	足阳明胃经	面瘫、三叉神经痛、牙痛
16	颧髎穴	眼外眦直下，颧骨下缘凹陷处	手太阳小肠经	牙痛、面肌痉挛、面瘫
17	迎香穴	鼻翼旁、鼻唇沟中	手阳明大肠经	鼻塞、鼻流清涕、面瘫
18	人中穴	人中沟与鼻交界凹陷处	督脉	面肿、面瘫、昏迷、癫狂、口眼歪斜
19	承浆穴	下唇缘下正中凹陷处	任脉	面瘫、面肿、牙痛、口舌生疮
20	地仓穴	口角外侧 0.4 寸处	足阳明胃经	面肿、牙痛
21	颊车穴	下颌角前上方，咀嚼时肌肉隆起处	足阳明胃经	牙痛、面瘫、三叉神经痛

（2）颈部、肩部、手臂、手部穴位（见表 1—2）

表 1—2　　颈部、肩部、手臂、手部穴位

序号	名称	定位	归经	主治
1	风池穴	颈后枕骨下，胸锁乳突肌与斜方肌间凹陷处，与耳垂相平	足少阳胆经	头痛、发热、感冒、眩晕、失眠、高血压
2	肩井穴	大椎穴与肩峰连线中点	足少阳胆经	肩背部疼痛
3	肩髃穴	上臂平举时，肩关节上出现两个凹陷，在前一个凹陷处	手阳明大肠经	上肢无力、麻木、肩臂疼痛，扭伤、颈椎病
4	肩髎穴	上臂平举时，肩关节上出现两个凹陷，在后一个凹陷处	手阳明大肠经	上肢无力、麻木、肩臂疼痛，扭伤、颈椎病
5	曲池穴	屈肘时成 90°，肘横纹尽头外 0.5 寸处	手阳明大肠经	咽痛、牙痛、目赤肿痛、月经不调及痤疮
6	合谷穴	手背第一、二掌骨结合部	手阳明大肠经	头痛、咽痛、牙痛、大便干燥
7	劳宫穴	手掌心三、四掌骨之间	手厥阴心包经	心痛、口舌生疮、手麻、中暑、中风
8	鱼际穴	第一掌骨处，大鱼际中部	手太阴肺经	咳嗽、发热、咽喉肿痛、失音、痤疮

思考·练习

张小姐最近一段时间由于工作繁忙，患感冒，头痛得厉害。来到美容院进行面部护理并要求美容师为其按摩头部，缓解头痛症状。请问美容师可以按摩哪些穴位来缓解张小姐的头痛症状？

第二章　化妆品基础知识

知识目标

掌握化妆品的定义，了解化妆品原料知识和化妆品的分类。

能力目标

能够对化妆品包装标签进行鉴别，能够根据化妆品的性状确定化妆品是否为正常状。

化妆品形态各异、类别繁多、功能不同。面对林林总总的化妆品，能否正确地选择及应用，恰恰体现出美容师的职业基本功，尤其应重点把握化妆品的分类以及各种化妆品的功效和作用。

第一节　化妆品的概念和类别

化妆品有清洁、保护、美化皮肤的功能。使用品质纯正的化妆品是保养皮肤的前提。

一、化妆品的概念

化妆品是以涂、擦的方式在人体肌肤表面的任何部位，对皮肤起清洁、保养、修饰和美容作用的日用化学产品。

二、化妆品的原料

化妆品是由各种原料经过配方加工而成的一种复杂混合物。在化妆品的配方中，一般把原料分为基质原料和辅助原料。

1．基质原料

基质原料是组成化妆品的主体，在化妆品内部起主要作用。

（1）油性原料　油性原料是组成化妆品的基质原料，主要包括动植物油、脂、蜡、矿物油和蜡，半合成油、脂、蜡。主要起护肤、柔软、滋润、固化赋形和特效等作用。

1）油　油是液态的油性物质，包括植物油和动物油。自古以来，蓖麻油、橄榄油和山茶油一直作为化妆品原料；与植物油相比，动物油因其色泽较差或有臭味，几乎不直接使用。

2）脂　脂是半固体的脂肪质。

3）蜡　蜡是固态的软性油料，是组成化妆品的基质原料。

（2）粉类原料　粉类原料是组成香粉、爽身粉、胭脂、眼影粉和牙膏等的基质原料，为颗粒很细的固体粉末。它在化妆品中主要起增稠、悬浮、保湿、遮盖、爽滑、摩擦等作用，同时又是粉末面膜的基质原料。

（3）溶剂类　溶剂是膏状、浆状及液体化妆品（如冷霜、雪花膏、牙膏、香水、指甲油等）配方中不可缺少的主要组成部分。它和配方中的其他组成部分互相配合，使制品保持一定的物理性能。许多固体化妆品的成分中，虽然不需要溶剂，但是

在生产过程中，有时亦需要一些溶剂的配合，例如将粉饼制成颗粒的时候，就需要加入一些溶剂以帮助黏胶。

2. 辅助原料

辅助原料在化妆品配方中所占的比例不大，但各具独特的性质和功能。主要分为表面活性剂、水溶性高分子、色素、香料、防腐剂、抗氧剂、收敛剂、紫外线吸收剂、药物、生物制品等。

（1）表面活性剂　表面活性剂是一种能使油脂、蜡与水制成乳化剂的原料，它能使油溶性与水溶性成分密切地结合在一起，使油、水分散体系保持均一稳定性。溶液中的溶质吸附在气体与液体、液体与液体或液体与固体的交界表面，将这些表面性质显著改变的作用称为表面活性剂或界面活性。表面活性剂具有乳化、洗涤、润湿、分散、增溶、发泡、保湿、润滑、杀菌、柔软、消泡和抗静电等作用。一般表面活性剂的分子结构中都包含亲水基团和亲油基团。表面活性剂分为阴离子型、阳离子型、两性离子型及非离子型四类。

（2）水溶性高分子　水溶性高分子是结构中具有氢基、羟基或氨基等亲水基的高分子化合物。它在水分子中能膨胀成凝胶，在许多化妆品中被用作黏合剂、增稠剂、悬浮剂和乳化剂。通常将水溶性高分子溶解于水后的黏性物质称为黏液质。水溶性高分子分类和作用见表2—1。

表2—1　水溶性高分子分类和作用

水溶性高分子分类	主要成分	水溶性高分子作用
天然高分子	明胶、果胶、海藻酸钠、淀粉等	1. 提高分散体系的稳定性，具有增稠作用 2. 提高乳液的触变性，具有胶体保护作用 3. 提高成膜性和定型效果 4. 降低乳液的表面张力，具有乳化和分散作用 5. 提高粉类原料的黏合性 6. 具有保湿及营养保健等功效
半合成高分子	甲基维生素、羧甲基维生素钠等	
合成高分子	聚乙烯醇、聚乙烯吡咯烷酮等	

（3）香料　对于化妆品来说，香料带给化妆品的是一种幽雅舒适的香味。香料可以分为天然香料和人造香料。其中，天然香料分为植物香料和动物香料，而人造香料分为单离香料和合成香料。

1）植物香料　由植物的花、叶、枝干、根、树皮、树脂、果皮、种子及胎衣等制成。植物香料的提取方法有水蒸气蒸馏法、溶剂萃取法、压榨法、油脂吸附法等。

2）动物香料　如麝香、灵猫香、海狸香和龙诞香等，都是配备高级香料的必

备原料，因为货源稀少，所以价钱昂贵。麝香是公鹿生殖器的分泌物，其香味成分主要是麝香酮。使用时一般用纯麝香或以乙醇浸取。

3）单离香料和合成香料　香料中的纯粹化合物，有人工合成的和从植物香料中单离出来的。许多单离物往往可从多种芳香油中提取而成，如芳樟醇。

（4）色素　色素是赋予化妆品一定颜色的原料，通常称为着色剂。化妆品是通过色素溶解或分散而使其基质和其他原料着色的。对水溶性或油溶性着色剂先制成溶液，对不溶性着色剂则将其分散在介质中。色素有合成色素、无机色素和天然色素三大类。合成色素能溶于水，应用于膏霜、乳液、面膜、精华素等。化妆品用的色素与食用色素要求一样，均十分严格。

（5）防腐剂　在化妆品生产中，不可避免地会混入一些微生物，而这些微生物正是引起化妆品变质、酸败的主要原因。添加防腐剂就是要抑制微生物的生长，防止化妆品劣化变质，起到防腐、杀菌的功效。

尤其要注意的是，防腐剂与杀菌剂是不同的。一般普通化妆品中加入的防腐剂是对细菌起到抑制作用；而杀菌则是杀灭化妆品中的微生物，一般用于防治粉刺类、去屑止痒等特殊用途化妆品中。

（6）抗氧剂　含有油脂类的化妆品很容易氧化变质而产生臭味，因此这类化妆品中需要加入抗氧化的物质，这类物质就叫做抗氧剂。抗氧剂的种类很多，按照其化学结构的不同大致可以分为六类：酚类、胺类、有机酸、醇类、无机酸及其盐类，最常用的是酚类和醇类。

（7）皮肤吸收促进剂　皮肤对大多数药物或营养物质来说是一道难以渗透的屏障，许多营养物质渗入皮肤时，渗透速率都达不到要求。皮肤吸收促进剂是指能帮助和促进药物、营养物质等活性物渗入皮肤，从而被皮肤吸收的制剂。它的作用机理是可改变皮肤的水合状态，改变药物、营养物质的分子结构，使其具有较高的皮肤亲和力，降低皮肤的屏障作用，以促进药物、营养物质渗入皮肤，从而被皮肤吸收。

三、化妆品的类别

化妆品种类繁多，性态各异，很难科学、规范地进行分类。根据不同的分类标准可将化妆品分为不同类型。按美容用途可分为洁肤类化妆品、护肤类化妆品、疗效型化妆品和芳香型化妆品；按外观形态可分为水剂类化妆品、油剂类化妆品、乳剂类化妆品、膏霜类化妆品、粉状类化妆品和凝胶状化妆品；按化妆品中的酸碱含量可分为酸性化妆品、碱性化妆品和中性化妆品。

四、化妆品的鉴别

1. 化妆品包装标签的鉴别

我国产包装标签根据2008年国家标准公布的《消费品使用说明　化妆品通用标签》要求，必须有内容如下：

（1）产品名称；

（2）制造者的名称和地址；

（3）内装物量；

（4）日期标注：生产日期和保质期，生产批号和限期使用日期；

（5）生产企业的生产许可证号、卫生许可证号和产品标准号；

（6）进口化妆品应标明批文号；

（7）特殊化妆品必须标明特殊用途化妆品卫生批准文号。

《化妆品生产点企业卫生许可证》即卫妆准字许可证，所有化妆品生产企业和经营单位都必须在化妆品包装标签上将其标识出来，卫生许可证号简介如下：

××××卫妆准字××××××——XK——××××××

1　　　　　　2　　　　3　　　　4

注：1. 年号；2. 省、直辖市、自治区代号；3. 许可证代号；4. 许可证编号。

2. 化妆品一般性状的鉴别

化妆品一般性状的鉴别标准见表2—2。

表2—2　　化妆品一般性状的鉴别标准

名称	正常状态	变质状态
洗面奶	洗面奶呈流动性乳体，乳体细腻，涂抹时不起泡沫，清洁后有滋润感	乳体出现絮状或水油分离
磨砂膏	砂粒均匀而圆滑，涂抹时没有特殊滑感，膏体滑润，味清淡	膏体出水或变化，颗粒不均匀
按摩膏	质地细腻，长时间涂抹保持润滑	膏体出霉斑及水油分离，使用时手感不滑爽，有油腻感
化妆水	液体浅色透明，味清淡。摇动后泡沫在短时间内消失，使用后皮肤润泽	液体混浊，有沉淀物
润肤霜	质地细腻。涂抹后很快使皮肤吸收。用手触摸柔软，没有油腻感	膏体变散，香气不纯正，有异味，变色或出现霉斑

续表

名称	正常状态	变质状态
冷霜	白色，品质紧密细腻，味清淡，涂敷后皮肤润滑，细腻有光泽	最突出的是水油分离，同时还伴有变色、变硬、变味等现象
雪花霜	色泽洁白，膏体细腻放松，味清淡，涂敷后皮肤会舒展自然，透气性强	香气不纯正，有异味，膏体出水，变色、干缩或出现霉点
乳液	味清淡，质地细腻，涂敷在皮肤上很快渗透，清新滋润	稠度不够，有异味或出现絮状

五、化妆品的保存

1. 防污染

大包装化妆品打开后分出一部分装在小容积的器具中，其他部分重新封装，使用化妆品时用化妆棒消毒后取出，取后将瓶盖旋紧，防止在使用过程中细菌繁殖，使化妆品氧化或增加含菌量。

2. 防晒

紫外线有一定的穿透力，容易使油脂和香料产生氧化现象和破坏色素。故化妆品应避光保存。

3. 防热

温度过高会使化妆品的乳化遭到破坏，造成脂水分离，粉膏类化妆品干缩，使化妆品变质失效。

4. 防冻

温度过低会使化妆品中的水分结冰，乳化体遭到破坏，溶化后质感变粗变散，失去化妆品的效用。

5. 防潮

潮湿的环境是微生物繁殖的温床，过于潮湿的环境会使含有蛋白质、脂质的化妆品中的细菌加快繁殖，发生变质。故化妆品应放在通风干燥的地方。

6. 防挤压

尤其是挤压型或按压型包装的化妆品，摆放要有条理，防止因挤压而造成包装损伤，使化妆品氧化或污染。

第二节　常用护肤美体化妆品

作为专业的美容师，应对化妆品的种类尤其是按美容需要划分的化妆品种类了如指掌。同时，要了解这些护肤品的成分和作用，这样才能恰当地选择护肤品，应用于不同皮肤的护理中。

一、洁肤类化妆品

洁肤类化妆品的作用在于清除掉用清水冲洗不净的污垢。人的皮肤尤其是面部皮肤，常年暴露在外，灰尘污垢的附着，化妆品残留物的污染，皮肤自身皮脂汗液的分泌排泄，以及表皮新陈代谢形成的老化角质的堆积，都会对皮肤产生不良影响。正确应用洁肤类化妆品，是彻底清除附着在皮肤表面的汗垢、油垢以及化妆品残留物的基本保障，也是促进皮肤健康的前提。

洁肤类化妆品主要包括洗面奶、清洁霜、磨砂膏、去死皮膏（液）、面膜等。

1. 洗面奶

洗面奶是一种性质温和的乳化状清洁剂，具有良好的清洁效果，是应用最广泛的洁肤品。

（1）主要成分　通常洗面奶都包含三种基础原料：水分、油脂和表面活性剂。此外根据需要还含有各种营养添加剂、香精和防腐剂等。

（2）作用　洗面奶能清除皮肤表面的污垢，对皮肤无刺激，并可在皮肤上留下一层滋润膜，使皮肤细腻光滑。但洗面奶对彩妆的去污功效不强，如眼影、唇彩、睫毛膏、眼线液等，使用后常有残余化妆品存留。

（3）应用　取适量洗面奶涂抹于面部，轻揉至皮肤干净，用温水冲洗即可。使用时应根据皮肤的性质选择适合的产品。

1）干性皮肤选择含油脂较多的滋润、营养型洗面奶。

2）中性皮肤选择营养型洗面奶。

3）油性皮肤选择含有维生素 C、柠檬酸、收敛剂的洗面奶。

4）敏感性皮肤选择不含色素的维生素 E 洗面奶等。

2. 清洁霜

清洁霜是一种乳化状的清洁剂，它以溶解或乳化的方法除去皮肤上的污垢和油垢。

（1）主要成分　清洁霜含有多种矿物油、乳化剂、白油、蜂蜡、香精、电离子水和防腐剂等。

（2）作用　清洁霜主要靠矿物油原料中的油分和水分的溶解作用，把污垢及残存在面部的化妆品溶解于清洁霜。清洁霜常用于化妆后的卸妆，不仅能清除皮肤上的残妆，而且能彻底清除毛孔内多余的皮脂，对皮肤的刺激性小，使用后能在皮肤表面留下一层滋润性油膜，对皮肤有良好的保护作用。

（3）应用　在棉片或洁面巾上，取适量清洁霜，轻轻地擦拭眼部和其他化妆的部位，然后擦拭整个面部，最后用清水冲洗干净。净面后皮肤有嫩滑、滋润感。清洁霜适用于各种类型的皮肤，尤其对化妆后的卸妆功效比较显著。

3. 磨砂膏

磨砂膏是一种含有微粒子的能清除老化角质层细胞的膏状洁肤品。在一些洗面奶的乳化体中增添了微小颗粒，使之具有摩擦效果，这样的产品被称为磨砂膏或磨砂型洗面奶。

（1）主要成分　磨砂膏含有各种米壳粉、果壳粉、骨粉、碳酸钙及矿物质粉，此外还含有白油，羊毛脂、蜂蜡等。

（2）作用　磨砂膏所含的矿物质或植物小颗粒，在皮肤上摩擦后，不仅能除去皮肤表面的污垢，而且能够使老化的鳞状角质层剥起，坏死的角质细胞脱落，轻度淡化皮肤色素，促进血液循环，以促进皮肤对营养的吸收、使皮肤清洁、健康、光滑、柔润。

（3）应用

1）先用蒸汽蒸面，使表皮软化，再根据皮肤的性质及部位采用不同的力度磨面。磨砂膏不能涂抹在眼部，防止微粒误入眼中。

2）粉刺炎症期间严禁使用磨砂膏，同时注意磨面时不可用力过度，以没有痛感为宜。

3）适用于中性、油性及混合性皮肤。

4. 去死皮膏（液）

去死皮膏（液）是一种有效去除老化角质细胞的清洁品。

（1）主要成分　为酸性海藻胶及润滑油脂和胶合剂等。

（2）作用　对皮肤的角化细胞有软化和剥蚀作用，去死皮膏（液）附于皮肤后，其中的酸性物质使角化细胞溶解，当搓掉或除去这些膏液时，可以把被溶解的角化细胞一起擦掉，起到净化皮肤的作用。它对皮肤的刺激作用小于磨砂膏。

（3）应用

1）去死皮膏为软膏状。使用时，先将皮肤清洁干净，将膏体均匀涂敷在面部，保持5～8分钟后，顺着皮肤的纹理将其搓掉。去死皮膏适用于色斑皮肤、油脂分泌过多的皮肤。

2）去死皮液又称脱屑液，为液态。使用时将脱屑液浸湿棉片，敷在面部，露出眼睛、鼻子、唇部，保持4～5分钟，将其洗掉。适用于暗疮皮肤、干性皮肤。

5. 面膜

面膜也称敷面剂，它是一种集清洁、保养、疗效等多方面作用于一体的综合性护肤品。面膜主要以矿物性粉末或高分子成膜物质为原料制成面膜料，供使用者涂抹或摊涂。常用的面膜种类繁多，主要可以分为普通面膜和特殊面膜，普通面膜多见于日常生活中，而特殊面膜中的硬模和软膜在皮肤护理中使用较多。我们在这里只介绍硬模和软模。

（1）硬模　硬模分为冷模和热模。

1）主要成分　以矿物性有机体粉末为主要原料，再加入其他成分配制而成。用时加水调成糊状，敷在面部后，经过自行凝固、发热、冷却、变硬等物理作用，形成坚硬的外壳。

2）作用　具有极强的渗透性，热模产热后，能使血液循环加快，令肌肤红润；冷模产生冰冷效果后，能收缩毛孔、镇静皮下神经，抑制皮脂过盛。具有清热、消炎、增白、抗皱功效。

3）应用　冷膜成壳后有凉爽的感觉，能收缩毛孔，清热消炎，适用于油性皮肤、暗疮皮肤、敏感性皮肤；热模成壳后可以产生热量，能促进血液循环，促进皮脂腺、汗腺分泌，适用于干性皮肤、衰老性皮肤。

（2）软膜　软膜是一种粉末状面膜。

1）主要成分　多以名贵中草药和天然植物精华为主。

2）作用　形成质地细软的薄膜，性质温和，对皮肤没有压迫感。膜体敷在皮肤上，皮肤分泌物被软膜阻隔在膜内，为表皮补充足够的水分，使皮肤明显舒展，细小皱纹消失。

3）应用　用水调和后呈糊状，也有的是生产厂家已调好的成型面膜，使用方便。软膜涂敷在皮肤上。

二、护肤类化妆品

护肤类化妆品是保养、护理、改善皮肤状态的一类用品。这类护肤品的特点是使皮肤免受或少受自然界的刺激，防止化学物质、金属离子等对皮肤的侵蚀，补充皮肤所需的水分及营养，延缓衰老，增强皮肤新陈代谢的功能，使皮肤滋润、光亮、富有弹性。

护肤类化妆品包括乳液、润肤霜、精华素、护肤水、冷霜、按摩膏、防晒霜（油、水）等。

1. 乳液

乳液又称蜜类化妆品，如“SOD 蜜”“保湿乳液”等。乳液是一种略带油性的液态霜，它油脂成分少，含水分较多，外观为液体，性质介于化妆水和润肤霜之间。渗透力较强，能使皮肤润泽、清爽。

（1）主要成分　主要含有蜂蜡、白油、羊毛醇、硼砂、水、香精、营养剂、抗氧化剂、防腐剂等成分。

（2）作用　乳液具有较强的渗透性，易被皮肤吸收，使皮肤具有自然保湿、柔软的功能。涂敷后皮肤清爽、滋润，沐浴后涂敷，能补充油分、滋润体肤，消除干痒，起到健美皮肤的功效。

（3）使用　乳液不受年龄、季节的影响。干性皮肤、中性皮肤、油性皮肤均可使用，尤其适用于油性皮肤和在夏季选用，同时它还可以在旅游外出时作为无水清洁品，既能达到洁肤的目的，又能滋润皮肤。

2. 润肤霜

润肤霜是一种具有保护和滋润皮肤功效的护肤品。市场上的润肤霜可分为油型和水型两种。润肤霜包括日霜、晚霜和营养霜。

（1）主要成分　维生素 A、维生素 D、维生素 E，水解蛋白、蜂王浆、貂油、卵磷脂、白油以及润肤剂、调湿剂、柔软剂等。

（2）作用　能补充皮肤的水分、油脂及营养成分，防止表皮水分蒸发，使皮肤滋润柔软。

（3）使用　日霜宜于白天涂抹，它以护肤和防晒为目的；晚霜晚间使用，它以修护、养颜为目的。晚霜中含有丰富的营养素，因此适用于各种皮肤。营养霜的涂抹，没有白天和夜晚之分。它适用于各种皮肤，尤其对干性皮肤、衰老皮肤效果最佳。

3. 精华素

精华素是由添加在一般美容护肤品中的精华物质（即有效成分）单独提炼而制成的一种新型的具有更高美容功效的护肤品。简而言之，就是护肤品精华物质的浓缩液。精华素分为水溶液和脂溶液两大类。

（1）主要成分　动物精华、植物精华、矿物精华等。

（2）作用　为皮肤提供所需的蛋白质、骨胶原、维生素和活细胞素，促使皮肤细胞生长加速并增强活力，改善皮肤不良状态，减少皱纹，淡化色素，调节与平衡皮肤的酸碱度，延缓皮肤衰老，补充天然调湿因子和水分的不足。

（3）应用　精华素的应用，要根据皮肤的不同性质及特点正确选择。

1）中性皮肤和干性皮肤　选择维生素 E 精华素或植物蛋白精华素，以增强皮肤的弹性。

2）油性皮肤　选择芦荟精华素、果酸精华素及平衡油脂的精华素，以收缩毛孔，调节、平衡皮脂分泌。

3）衰老性皮肤　选择胶原精华素，以强化胶原和弹力蛋白结构，还可以选择祛皱精华素，以去除皱纹，补充油分和水分的不足。

4）色斑皮肤　选择祛斑精华素，以抑制色斑的形成，淡化色素。

精华素的使用如果配合美容仪器来进行则效果更佳，如阴阳电离子导入仪等，应用前要先将皮肤清洁干净，再进行渗透操作。

4. 护肤水

（1）主要成分　护肤水种类繁多，功效各异，不同的护肤水成分也有所不同。

1）收缩水　按其收缩程度，可分为一般收缩水和强力收缩水两种。一般收缩水适用于各种皮肤，其主要组成是：氯化铝丙二醇、甘油、乙醇、电离子水等。强力收缩水适用于油性皮肤、暗疮皮肤。其主要组成是：樟脑、柠檬酸、酒石酸、乳酸、芦荟等。

2）皮肤调节液　可分为一般调节液和油脂调节液两种。一般调节液适用于中性皮肤及干性皮肤，其主要成分是；氨基酸、氢氧化钠等。油脂调节液适用于油性皮肤及暗疮皮肤，主要成分是：樟脑、金缕梅等物质。

3）爽肤液　其主要成分是：多元醇、天然植物汁、甘油、丙二醇、电离子水等。

4）营养液　能有效地补充皮肤营养。其主要成分是：珍珠水解液、氨基酸、氧化锌、甘油等。

（2）作用　护肤液主要有三大作用：第一能清洁皮肤，并调节皮肤的酸碱度；第二能收敛皮肤毛孔，使皮肤显得细腻，抑制油脂分泌，防止粉刺的形成；第三

滋润皮肤，补充皮肤水分和油分，补充营养，使之柔软、润泽。

（3）应用

1）收缩护肤液　净面后拍擦。它收缩毛孔，使皮肤细腻，保持角质层的水分。一般收缩水适用于各种皮肤；强力收缩水适用于油性皮肤、暗疮皮肤。

2）皮肤调节液　净面后拍擦。能调节皮肤的酸碱度，补充皮肤的水分和营养。一般性调节液用于中性皮肤和干性皮肤；油性调节液用于油性皮肤和暗疮皮肤。

3）爽肤液　净面后拍擦，能滋润皮肤，补充皮肤的水分和油分，使皮肤柔软润泽。适用于各类皮肤。

4）营养液　净面后拍擦，能补充皮肤的水分和营养，具有较强的保湿功能，使皮肤滋润舒展。适用于干性皮肤和衰老性皮肤。

5. 冷霜

冷霜又称“香脂”，是强油性护肤品。

（1）主要成分　油脂的含量多在50%以上，常用石蜡、凡士林油、高碳脂肪酸、动物与植物油脂等。

（2）作用　冷霜含有丰富的油脂和蜡，用后皮肤非常光滑，待其水分蒸发后在皮肤上形成膜，保护皮肤，补充皮肤油脂，防止干燥。

（3）应用　润肤护肤效果良好，比较适合干性皮肤使用。

6. 按摩膏

按摩膏是按摩皮肤时必用的护肤品。具有良好的延展性和润滑性。

（1）主要成分　白油、蜂蜡、羊毛脂、卵磷脂、羊毛醇、乳化剂、抗氧剂等。

（2）作用　按摩膏能起到润滑皮肤、减少摩擦、促进血液循环、保护皮肤的作用。

（3）应用　将按摩膏涂在皮肤局部，然后利用电动按摩器按摩皮肤，也可以用人工按摩手法进行按摩。按摩膏种类很多，营养按摩膏适用于普通皮肤，按摩乳适用于干性皮肤，樟脑按摩膏有降低皮脂和收敛毛孔的功效，适用于油性皮肤。

7. 防晒霜（油、水）

阳光照射到真皮层后，皮肤容易起皱、增厚、出现色斑、引起日光皮炎，有时会灼痛起泡、肿胀和脱皮，更严重时还会引起皮肤癌。防晒霜是防止紫外线伤害皮肤的护肤品。市场上常见的有防晒霜、防晒水、防晒油。

（1）主要成分　水杨酸酯、羊毛脂、橄榄油、液体石蜡、氧化锌等。

（2）作用。防晒制品对紫外线有一定的吸收和散射功能，并能有效地防止紫外线对皮肤的伤害。

（3）应用　要求在涂粉底霜之前使用，用于外露的皮肤上，如胳膊、脖颈、腿和脸上，如出了大量的汗或被擦掉后应再次涂抹。一般两个小时涂抹一遍。

防晒水敷在皮肤上没有油腻感，适用于油性皮肤；防晒霜既能滋润皮肤，又能达到防晒的功效，适用于各类皮肤；防晒油适用于干性皮肤。

三、疗效类化妆品

疗效类化妆品是根据皮肤的生理、代谢和吸收功能以及病理反应，在化妆品中配入一定比例的药物或其他物质，能起到改善皮肤病变程度的作用。

1. 粉刺霜（露）

粉刺霜、粉刺露主要用于粉刺皮肤和暗疮皮肤。

（1）主要成分　樟脑、维生素 B_2、维生素 B_6、阿拉伯树胶、甘草酸二钾，胶体状硫黄、氢氧化钙等。

（2）作用　它主要通过药物抑制皮脂腺的过量分泌，调节皮肤的生理机能，杀菌消炎，使皮脂分泌趋向正常。

（3）应用　皮肤清洁后涂于患处。涂上膏霜的皮肤易受污染，所以每日涂 3～4 次为宜。

2. 祛斑霜

祛斑类护肤品中加入了适量的药物成分，可起到防晒作用。它既能保养皮肤，又能抑制黑色素的形成，淡化色斑。

（1）主要成分　硬脂酸、十八醇、甘油、二氧化钛、水杨酸苯酯等。

（2）作用　避免紫外线的照射，降低色素的氧化程度，从而减少黑色素的形成，起到淡化色斑、增白皮肤的作用。

（3）应用　将祛斑霜重点涂抹于患处，轻轻按摩，以助于皮肤对药物的吸收，每日 2～3 次，适用于面部长有雀斑、黄褐斑的皮肤。

3. 抑汗霜（液、粉）

抑汗类护肤品主要用于抑制汗腺分泌过盛。

（1）主要成分　含有大量的收敛剂，少量的润湿剂、香精、乳化分散剂或酒

精溶液。

（2）作用　抑汗护肤品具有较强的收敛作用，它能使皮肤表面的汗腺口膨胀，阻塞汗液的流通，从而抑制或减少汗液过量分泌。

（3）应用　将抑汗护肤品涂敷在汗腺分泌旺盛的部位。数小时之后，效能降低，应洗去重新涂抹。

4. 祛臭霜（粉、液）

祛臭护肤品是一种药用性质的祛除体臭的护肤品，具有止汗杀菌、消炎解毒的功效。

（1）主要成分　含有大量收敛剂和香精，此外，还有滑石粉、乳化分散剂、酒精等。

（2）作用　能抑制细菌的滋生和繁殖，抑制汗腺和皮脂腺的过量分泌，消除体臭。

（3）应用　多用于狐臭患者。将腋窝清洗干净，涂抹于患处，每日数次。

5. 美乳霜

美乳霜是有助于乳房健美的护肤品。

（1）主要成分　蜂蜡、白油、激素类药物等。

（2）作用　美乳霜含有丰富的油脂和营养，为乳房发育提供必要的养分，而激素类药物则刺激脑垂体及性腺的分泌，提高体内雌性激素的水平，促进乳房发育，使之丰满而有弹性。

（3）应用　取适量美乳霜涂于乳房处，加以按摩，每日一次，每次 20 分钟。适用于乳房发育不良者。

四、芳香类化妆品

芳香类化妆品是由某些动物、植物的芳香物质合成香料溶于乙醇，再加适量的定香剂、色素等制成的透明液体。

1. 香水

香水的成分很多，相互混合可以制造出上千种不同气息的香水。其香型主要有以下几类。

（1）单纯花香型　是从单一花朵中提取的花香。

（2）复方花香型　将芳香和谐的花朵混合提炼，不易分辨是哪一种花香，但花香浓烈扑鼻。

（3）果香型　选择柑橘、香橙类水果的芳香气味与康乃馨等花香混合提炼，充满户外芳香。

（4）东方风味香型　是由东方特有的檀香、麝香、龙涎香等混合提炼而成，香气浓烈。

（5）人工合成香水　运用化学原料制作而成，具有天然花香所拥有的芳香气息。如森林气息、清凉花木气息等。

香水大多喷洒于衣襟、手帕等处，或涂擦于耳后、肘部、膝后、手腕脉搏等处。

2. 古龙水

古龙水又称为科隆香水。由于这种香水诞生于德国科隆这个地方，因地名而得名，后人一直沿用这个名称至今。古龙水的香精含量为3% ~ 8%，比香水的香精含量低，所以深得欧洲男士的钟爱。古龙水的用法是把它喷洒于手帕、服装、床巾、毛巾、浴室、居室内，使它散发出令人清爽舒畅的气息。

3. 花露水

花露水是香水的一种，它的香精含量为2%~ 5%。是沐浴后祛除汗味，或在各种公共场所消除或掩盖异味的夏令卫生用品。该产品还有消毒杀菌作用。花露水的用法是，涂于蚊叮虫咬之处，有止痒消肿凉爽的功效，花露水的香气同时具有易于挥发和留香持久两种性能。它可以称之为是物美价廉、实用的香水。

4. 香熏油

香熏油是由天然植物的花、叶、果、根、茎提炼出来的芳香精华。用它可做芳香美容疗法，芳香美容疗法多以熏蒸、吸收、按摩、敷用、沐浴等为主要手段，达到强身、祛病、美容的功效。

思考·练习

美容是一个非常时尚的行业。在这领域里，新的美容潮流、新的皮肤护理技术、新的化妆产品等都在不断创造。作为一名21世纪的美容师，要随时关注国际美容市场的新动向，了解新事物、新产品、新技术，探究新理念、新问题，做一个研究性的美容技术工作者。请你谈谈纳米技术在化妆品领域中的开发与运用。

第三章　皮肤护理与美体仪器

知识目标

了解常见皮肤护理与美体仪器的工作原理，熟悉其功能作用，明确各种仪器的注意事项。

能力目标

能够运用奥桑喷雾仪和电子减肥消脂仪进行相关的皮肤护理与美体操作。

皮肤护理与美体仪器是美容师进行护理的有效辅助手段，其专业性、技术性较强，能提高疗效性。了解皮肤护理与美体仪器的工作原理、功能、护理作用、操作方法、注意事项及日常保养等知识，掌握常用美容仪器的操作方法，才能更好地为从事美容与美体的服务打下坚实的基础。

根据仪器不同的功能和作用，皮肤护理与美体仪器分为检测类仪器、清洁类仪器、治疗类仪器、减肥类仪器。

第一节　检测类仪器

按美容护理程序，美容师先要确定顾客的皮肤性质，再为其具体制定护理方案和实施操作。确定皮肤性质的仪器就是检测类仪器。美容院常用的检测类仪器有皮肤测试仪、美容透视灯。

一、皮肤测试仪

皮肤测试仪可以检测皮肤的不同类型，该仪器的应用使不同的皮肤显现出不同的颜色，通过观察皮肤的颜色可达到测试皮肤的目的，便于在皮肤护理时采用相应的护理措施。

1. 工作原理

皮肤测试仪主要由紫光灯和放大镜构成，由于紫光光谱具有特殊的紫光，是鉴别皮肤性质的最佳光线。不同的皮肤性质在吸收紫光后，会反映出不同的颜色特点。此时再用放大镜观看，从紫光下观察皮肤的不同反应，能有效、准确地判断皮肤性质。皮肤测试仪正是基于不同皮肤对光的吸收、反射的差异原理及紫光的特点而制作的。皮肤测试仪及其工作原理如图 3—1 所示。

2. 功能

帮助美容师快速了解和判断顾客的皮肤性质。

3. 使用方法

（1）为顾客彻底清洁皮肤后，用湿棉片覆盖眼部。

（2）美容师手持皮肤测试仪，灯管朝向顾客，水平面置于顾客面部。测试仪与顾客面部间距为 15～20 厘米。

（3）观察测试仪下皮肤的颜色。不同性质的皮肤会在测试仪紫外线光管的照射下，显现出不同的颜色，见表 3—1。

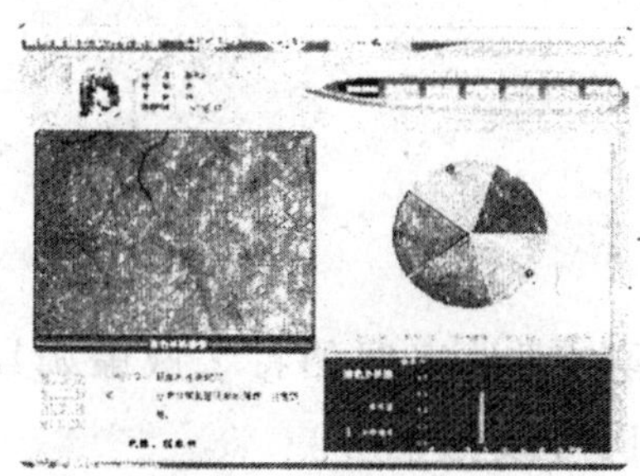

肤色分析

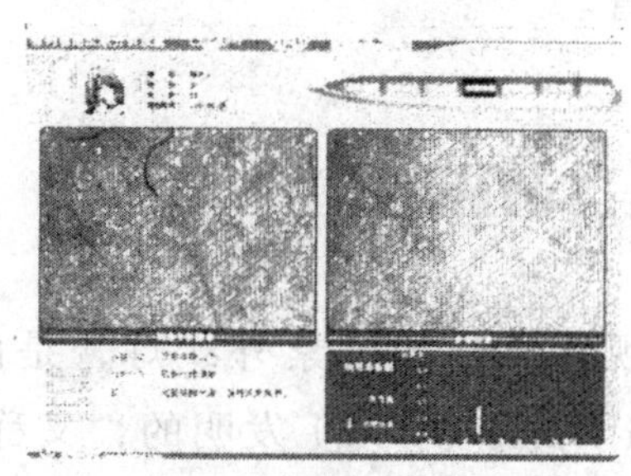

纹理分析

图 3—1　皮肤测试仪及其工作原理

表 3—1　　不同皮肤情况在皮肤测试下的表现

皮肤情况	皮肤测试仪下的表现
健康中性皮肤	青白色
油性皮肤	青黄色
干性皮肤	青紫色
超干性皮肤	深紫色
粉刺皮脂部分	橙黄色
粉刺化脓皮肤	淡黄色
色素沉着部位	褐色、暗褐色
敏感皮肤	紫色

4. 注意事项

（1）测试前必须用湿棉片覆盖眼部。

（2）测试时间最长不超过 2 分钟。

（3）掌握好测试仪与被测者面部距离（不能近于 15 厘米）。

（4）有色斑的皮肤不宜使用。

5. 日常保养

（1）皮肤测试仪在使用时要轻拿轻放，以免紫光管破损。

（2）经常用干布擦拭，放在常温通风的地方。

（3）皮肤测试仪在使用一定时间后，灯管的灯丝会老化，要注意定期检查，及时更换灯管。

二、美容透视灯

美容透视灯又称滤过紫外线灯，是由美国物理学家罗伯特·威廉姆斯·伍德（Robert Williams Wood）发明的，又称为伍氏灯或伍德灯。

1. 工作原理

美容透视灯是普通紫外线通过含镍的玻璃滤光器制成，不同的物质在它的深紫色光线照射下，会发出不同颜色的光。紫外线可帮助美容师仔细检查顾客皮肤的表面及深层，便于制定和采取适宜的护理方案及措施。

2. 操作方法

清洁皮肤后，用棉片盖住顾客眼睛，打开透视灯开关，面向顾客，距离为 15～20 厘米。进行观测，具体皮肤状况在美容透视灯下的表现见表 3—2。

表 3—2　　不同状况的皮肤在美容透视灯下的表现

皮肤状况	在美容透视灯下的表现
正常健康皮肤	蓝白色荧光
厚角质层	白色荧光
皮肤角质层及细胞	白色斑点

续表

<table>
<tr><th colspan="2">皮肤状况</th><th>在美容透视灯下的表现</th></tr>
<tr><td colspan="2">水分不足的较薄皮肤</td><td>紫色荧光</td></tr>
<tr><td colspan="2">缺乏水分的皮肤</td><td>淡紫色</td></tr>
<tr><td colspan="2">水分充足的皮肤</td><td>很亮的荧光</td></tr>
<tr><td colspan="2">油性部位及痤疮</td><td>黄色或粉红色</td></tr>
<tr><td colspan="2">皮肤上的深色斑点</td><td>棕色</td></tr>
<tr><td rowspan="3">黄褐斑</td><td>表皮型：灰褐色</td><td>色泽加深</td></tr>
<tr><td>真皮型：蓝灰色</td><td>不加深</td></tr>
<tr><td>混合型：深褐色</td><td>斑点加深</td></tr>
</table>

3. 注意事项

（1）透视灯必须在完全黑暗的暗室内使用。

（2）透视灯不可过热，使用时间不能太长。

（3）透视灯与皮肤的距离不可少于10厘米，避免接触皮肤。

（4）美容师及护理对象均不可直视透视灯的光源，以免损伤眼睛。

（5）检测前，应先洗净皮肤。

皮肤测试仪、美容透视灯都是检测皮肤性质的仪器，不管用哪一款，都可以达到检测皮肤性质的目的。另外，随着科技的发展，小巧方便，性能优良，检测更加方便准确的小型皮肤检测仪也逐渐应用在皮肤检测方面。

第二节　清洁类仪器

清洁皮肤是皮肤护理的开始，也是非常关键的一步。清洁皮肤用清洁产品，而清洁类仪器的使用，可以产生清洁产品所达不到的效果。如软化角质，达到深层清洁的目的。

美容院常用的清洁类仪器主要有：奥桑喷雾仪、真空吸啜仪、电动磨刷器等。

一、奥桑喷雾仪

奥桑喷雾仪又称离子蒸汽机、离子喷雾仪，是一种辅助达到深层清洁皮肤的仪器。奥桑喷雾仪主要由蒸汽发生器和臭氧灯构成，如图 3—2 所示。

1. 工作原理

奥桑喷雾仪是利用电热元件和紫外线装置，产生带有较多离子及少量臭氧的雾状蒸汽，进行美容治疗的仪器。蒸汽发生器由玻璃烧杯和电热元件组成，其原理与电水壶相似。当电热元件通电产生热能，烧杯内水温逐渐升高直至沸腾后产生蒸汽，从蒸汽导管的喷口处喷出雾状气体，这就是普通喷雾。在喷口处装有臭氧灯，臭氧灯在工作时对微生物核酸、蛋白质具有破坏作用，致使细胞发生变异或死亡，具有较强的杀菌消炎效果。因此，普通蒸汽在臭氧灯作用下产生具有杀菌消炎效果的蒸汽，这就是奥桑喷雾。

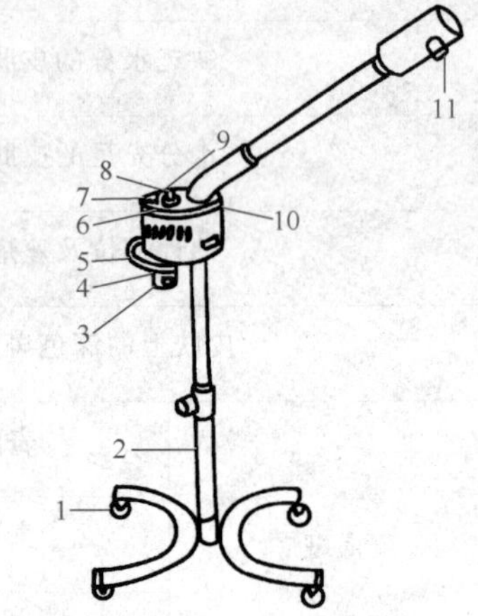

图 3—2　奥桑喷雾仪

1—滚轮　2—支架　3—盛水器　4—电热器　5—牵拉环　6—开关　7—加水机　8—奥桑指示灯　9—蒸汽指示灯　10—蒸汽开关　11—喷孔

2. 功能

（1）使皮肤表皮软化，便于清除皮肤表面老化的角质细胞及皮肤深层的污垢。

（2）补充水分，使角质细胞含水量增高、变软，令皮肤滋润，延缓衰老。

（3）杀菌消炎，增强皮肤免疫力，对皮肤的炎症以及斑痕、暗疮等皮肤问题有一定的疗效。

（4）促进皮肤的血液循环，游离状态的氧进入皮肤深层可增加血液中的含氧量，有利于营养皮肤深层组织。

3. 操作方法

（1）注入蒸馏水。在未接通电源的情况下，首先将适量蒸馏水注入奥桑喷雾仪的玻璃烧杯，水位必须超过电热元件，以不超过红色标线为最高水位。

（2）接通电源，打开红色开关预热，使烧杯内蒸馏水沸腾，产生蒸汽。接着打开绿色开关，便有奥桑蒸汽产生。

（3）在顾客眼部加垫湿消毒棉片，待蒸汽均匀喷出后将仪器移至顾客头部上

方，进行喷雾护理。

（4）调整奥桑喷雾仪与顾客面部的距离，并设定奥桑喷雾时间，距离与时间要根据皮肤的性质而定，见表3—3。

表3—3　　不同皮肤性质应用奥桑喷雾仪的时间与距离

皮肤性质	距离（厘米）	喷雾时间（分钟）	奥桑时间（分钟）
中性、混合性皮肤	25~30	15	3~5
油性皮肤	20~25	10	5~8
暗疮皮肤	20~25	15	8~10
干性皮肤	30~35	5	3
敏感皮肤	35	5 ~ 8	—
色斑皮肤	30~35	10	—
微血管破裂皮肤	35	5 ~ 8	—

（5）使用完毕后关闭开关，切断电源。

4. 注意事项

（1）喷雾方向应从额头向颈部，避免喷口对准顾客鼻孔直喷，以免发生顾客呼吸不畅、胸闷的情况。

（2）依皮肤性质掌握时间，最长不宜超过15分钟。

（3）色斑皮肤、敏感皮肤、微血管破裂的皮肤不宜使用奥桑喷雾仪。

（4）向盛水器内注水时，要求水质纯净（如含杂质，会导致喷水）、水位不能高于红色标线或盛水器的4/5。

二、真空吸啜仪

真空吸啜仪又称真空喷雾和吸啜两用仪，是一种将真空吸管装置和喷雾仪装置放在一起的两用功能美容仪。真空吸啜仪主要由真空泵和电磁阀构成，如图3—3所示。

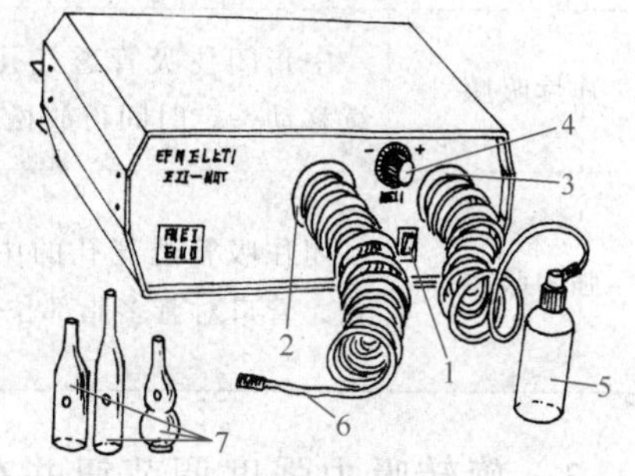

图3—3　真空吸啜仪

1—电源开关　2—进气孔　3—排气孔
4—吸力调节钮　5—喷雾塑料瓶
6—塑料管　7—真空吸管

1. 工作原理

真空吸啜仪通电后，电动机会带动真空泵运动，使真空泵内压力发生变化而产生负压吸吸和压力空气喷射的功效。

2. 功能

（1）吸啜作用可清除毛孔深层污垢及皮脂，使皮肤呼吸正常，刺激纤维组织，增强皮肤弹性。

（2）利用吸管进行某种特殊方式的按摩可促进血液和淋巴循环，有利于表层细胞的营养吸收，排除皮肤内有害毒素，增加皮肤弹性，减少皱纹。

（3）冷喷可以刺激毛孔，使其得到收敛。喷雾的气流还能刺激神经系统，促进细胞新陈代谢。

3. 操作方法

（1）吸啜操作方法

真空吸啜仪的吸啜功能可分为间断吸啜、连续吸啜和强力吸啜。

1）用酒精将所选用的真空吸管仔细消毒，再将真空吸管套在塑料管上与仪器相接。

2）打开电源开关，右手拿住吸管。吸啜时食指、无名指与拇指指腹相对用力，将管口对着皮肤，持稳真空吸啜管，中指指腹可随时灵活点按玻璃吸管上的透气孔，控制吸啜力度。具体吸啜类型和方法见表3—4。

表3—4　吸啜的类型和方法

吸啜类型	操作方式	适用皮肤	吸啜力度
间断吸啜	中指在玻璃吸管的透气孔上频繁移地、有节奏地点按，形成间断吸啜效果。持玻璃吸管的手移动要快，吸放频率快而有节奏	适用于细嫩、松弛、较薄的皮肤以及干性、敏感和衰老性皮肤	吸啜力弱
连续吸啜	中指闭住吸管透气孔，待吸管连续移动一定时间再放松透气	适用于油脂较多、皮脂较厚的部位	吸啜力较强
强力吸啜	闭住吸管透气孔的中指始终不放松，管口对着多脂部位一吸一放	吸力强，用于油脂分泌旺盛部位，常用于鼻头、鼻翼等有黑头、粉刺的部位	吸啜力强

3）旋转吸力强度调节钮并在自己手背上试验，确定合适的吸啜强度，做到既有吸啜效果又不能损伤皮肤。

4）用吸管在顾客面部各部位进行吸啜，尤其是T区（即额头和鼻子，形状似大写的T），对长有粉刺、暗疮的部位可加强吸啜力度。

5）吸啜完毕，将吸管撤离皮肤，将吸力强度调至零，关上电源开关，取下吸管，用酒精消毒后妥善保存。

（2）冷喷操作方法

冷喷主要是借助不同的液态护肤品进行冷式喷雾护理。

1）将选用的液态护肤品倒入塑料瓶中，把小瓶和塑料管与仪器相连。

2）打开电源开关，右手拿住吸管。中指按在吸管壁的小孔上，以控制吸管的密封度。此时瓶内产生负压，液态护肤品可呈雾状喷在皮肤上。（美容师持喷瓶从顾客额头向面部喷洒，以防鼻孔进水。）

3）喷射完毕，关上电源开关，取下塑料瓶，放回原处。

4）用柔软纸巾吸干皮肤上的护肤品。

4. 注意事项

（1）真空吸管配合奥桑蒸汽仪使用，效果较好，但不可频繁使用，以免毛孔增大；配合蒸汽做吸啜，双手要密切配合。

（2）真空吸啜容易发生局部淤血，在使用时应注意根据皮肤性质调整吸力的强弱，先在手背上试吸再用于面部皮肤，控制好吸管的吸啜力度。油性皮肤应加强吸啜力度和频率，而对质感嫩薄的皮肤，只能做轻度吸啜，以免损伤皮肤。

（3）微血管破裂部位和眼部皮肤不可使用真空吸啜仪。

（4）吸管不能在一个部位长时间吸啜，移动要快。

三、电动磨刷器

电动磨刷器主要是用于深层清洁皮肤的小型手持仪器，并配有不同型号的毛刷。如图 3—4 所示。较适合油性、暗疮皮肤使用。

1. 组成

电动磨刷器由转速调节按钮，转动方向调节钮，插头（电池）等组成。

2. 功能

（1）深入清洁皮肤表面，除去皮肤表面不易洗去的污垢、皮脂、汗渍和化妆品。

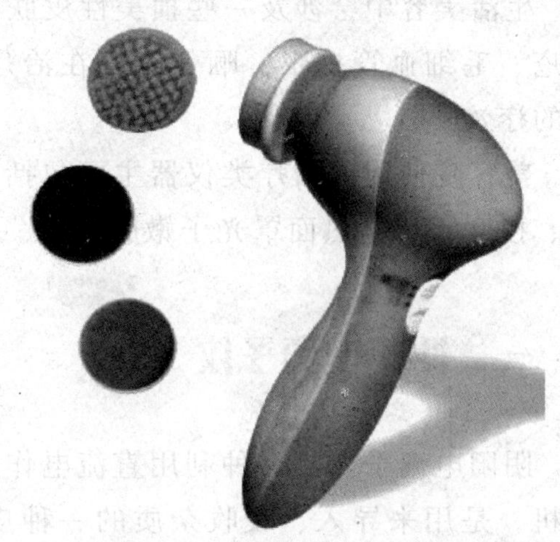

图 3—4　电动磨刷器和配件

（2）除去部分皮肤表面的老化角质，使皮肤光滑、柔软。

（3）磨刷的转动可促进皮肤血液循环，使新陈代谢能力加强，起到一定的按摩效果。

3. 操作方法

（1）在面部均匀涂上适量的洗面奶。

（2）根据皮肤的性质及所需清洁的面积大小选择毛刷，将选择好的毛刷安装在仪器上。安装配件头时，将配件头水平插入转动轴直到锁定位置，发出“咔嗒”一声。在毛刷上蘸少许水，移至皮肤上，打开电源。

（3）根据皮肤厚度、污垢多少、护理需要等情况，调节毛刷的旋转速度。

（4）根据皮肤的纹理、清洁部位不断改变毛刷旋转方向，并按前额、右面颊、下颏、左面颊、鼻部、口周的顺序进行清洁。

（5）清洁完毕，先调节毛刷转速钮，使毛刷旋转速度减至零。关上电源开关，取下毛刷，清洁后妥善保管。

4. 注意事项

（1）对患有皮肤病、受伤、发炎的皮肤及眼周皮肤禁止使用，以免引起感染、损伤。

（2）毛刷在使用前后要仔细清洗，不用时应保持干燥、清洁。

第三节　治疗类仪器

生活美容中会涉及一些损美性皮肤问题。这些皮肤问题主要有皮肤老化、色斑、痤疮、毛细血管扩张、晒伤等，在治疗时，须借助仪器进行辅助治疗，才能达到好的疗效。

美容院使用的治疗类仪器主要包括阴阳电离子仪、高频电疗仪、微波电脑美容仪、按摩手、电热面罩光子嫩肤仪等。

一、阴阳电离子仪

阴阳电离子仪是一种利用直流电作用的美容仪，又称阴阳离子电疗机、营养导入机，是用来导入、吸收杂质的一种皮肤护理工具，主要由整流器、滤波稳压器

及金属电极构成，如图 3—5 所示。

1. 工作原理

阴阳电离子仪工作原理是离子的同性相斥、异性相吸规律。当美容用品以溶解状态涂于皮肤时，可分解出离子，在直流电场的作用下，离子会作定向移动。药物离子或精华素渗透入皮肤内，在局部形成离子堆。由于皮肤局部药物吸收浓度比口服药物浓度高出数倍，因此，可达到更好的治疗效果。

图 3—5 阴阳电离子仪

1—电源指示灯 2—电源开关及电流强度粗调节钮 3—电流强度微调节钮 4—功能调节开关 5—强度大小调节钮 6—电极棒 7—电极夹 8—电极插头 9—电极插座 10—电流强度指示表

2. 功能

阴阳电离子仪可借助直流电的作用以营养导入（也称渗透法）和杂质吸出（也称抽取法）两种方法进行皮肤护理，它可将不易渗透的营养物质导入皮肤深层，也可溶解皮肤中积聚过多的皮脂，将杂质导出体外，分解皮肤表面油脂，平衡皮脂分泌。

（1）杂质吸出的护理作用　除去皮肤表面杂质、死皮屑，分解皮肤表面油脂，平衡皮脂分泌。减少皮肤内沉积的金属离子，将杂质导出体外，强健、软化纤维组织，收缩毛孔，增强皮肤弹性。

（2）营养导入的护理作用　加强细胞的通透性，补充皮肤营养，将不易渗透的营养物质，更有效地渗透进皮肤深层，直接供给皮肤营养和维生素。

3. 操作方法

（1）导出

1）用酒精消毒电极棒后，将湿消毒棉片包在电极棒上，请顾客握好或夹住。

2）将浸透生理盐水的棉片缠绕在导药钳上，将导药钳置于顾客的额部，旋钮调至负电位，按下开关调整电流强度。

3）导药钳在皮肤上以“之”字形或螺旋形移动，且始终不离开皮肤，整个过程持续 3 ~ 5 分钟。

4）导出完毕后调整电流回零，关闭开关，导药钳从皮肤上离开并取下棉片。

● 特别提醒

将旋钮调向负极，仪器处于工作状态时，顾客手握的电极为阴极，人体为负电位，可将体内有害物质、金属离子等排出体外，仪器呈导出状态。

（2）导入　导出后用湿棉片擦拭皮肤再进行导入程序。

1）将精华素的 1/2 涂于皮肤，尤其是重点部位，其余的精华素浸透棉片缠绕在导药钳上。

2）将导药钳置于顾客额部，电极旋钮调至正电位，按下开关调整电流强度。

3）导药钳在皮肤上以“之”字形或螺旋形移动，且始终不离开皮肤，整个过程持续 3~5 分钟。

4）导入完毕调整电流回零，关闭开关。

● 特别提醒

将旋钮调向正极，仪器处于工作状态时，顾客手握的电极为阳极，人体为正电位，可使营养充分吸收，仪器呈导入状态。

4. 注意事项

（1）心脏病患者、佩戴或体内有金属物质（如金牙）、孕妇及敏感、受伤、发炎、严重皮肤病的顾客禁止使用阴阳电离子仪。

（2）一定要根据护理要求调准调节钮，然后再打开电源开关。

（3）导药钳应用棉片缠绕，避免导药钳直接接触皮肤引起刺痛感。电流由弱到强，使顾客逐渐适应。在皮肤上移动时应缓慢、适中，棉片要始终保持湿润。

（4）操作时请顾客将金属饰物取下，导药钳在皮肤上不停移动，移动要缓慢。

（5）应根据不同性质的皮肤选择不同的液态护肤品。

（6）确保顾客一定要握好电极棒。

二、高频电疗仪

高频电疗仪也称高周波电疗仪，它是利用高频率电流的振动产生热效应和紫外线治疗皮肤的仪器。高频电疗仪主要由高频振荡电路板和少量的电容、电阻及半导体器件构成。其面板上有电源开关、振动频率调节钮、电极插座等，其附件是各种形状的玻璃电极，包括蘑菇形的、勺形的、棒形的，附件还包括可插入玻璃电极的绝缘电极棒。电极棒内置有升压变压器，一侧有与电路输出连接的软线，如图 3—6 所示。

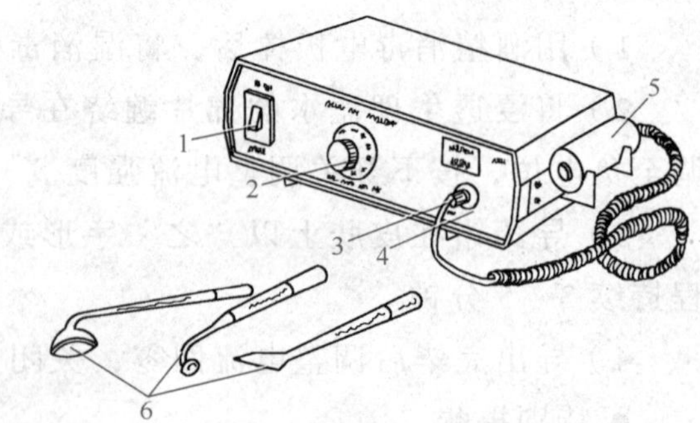

图 3—6　高频电疗仪

1—电源开关　2—振动频率调节钮　3—电极插头　4—电极插座　5—电极棒　6—电极

1. 工作原理

当连接电极棒的软线与仪器接通后按下开关，在高频振荡电路板的作用下，产生断续的高压高频电流，这种高频电流可使玻璃电极产生放电现象。玻璃电极内充有氦气或氖气，发出蓝色或粉红色的光线，同时发出“吱吱”的声音。放电使人体局部的末梢血管交替出现收缩与扩张，使空气中的氧气电离而产生臭氧，从而起到改善血液循环和杀菌消炎的作用。

2. 功能

（1）促进血液循环，加强腺体活动，供给表皮营养，排除有害物质，使按摩达到更好的效果。

（2）恢复皮肤组织能力，提高皮肤吸收营养物质和抵抗细菌的能力。

（3）杀菌消炎，治疗暗疮，促进伤口愈合，增强皮肤免疫功能。

（4）调节、减少皮脂的分泌。

（5）促进血液循环和淋巴活动，以及加快皮肤细胞的新陈代谢，帮助皮肤呼吸和排泄，有镇静作用，防止皱纹产生。

（6）增强细胞通透性，帮助溶剂渗透皮肤。

3. 操作方法

高频电疗仪的使用分为间接电疗、直接电疗和火花电疗三种。

（1）间接电疗　这种方法具有刺激纤维组织、保持和恢复皮肤弹性的作用，适用于干性皮肤和衰老皮肤。

1）将消毒后的玻璃电极插入塑料电极棒旋紧。

2）用滑石粉使顾客双手爽滑，再让顾客一只手握住电极。

3）在顾客面部均匀涂上按摩膏。

4）美容师的一只手紧贴于顾客面部皮肤，另一只手打开电源开关。

5）调节振动频率，在顾客可以接受的范围内，缓慢而柔和地按摩面部和额头。

6）按摩停止后，美容师一只手紧贴在顾客面部皮肤上，另一只手将电流强度回零关上电源，撤离电极。

（2）直接电疗　这种方法可加强有效成分的渗透，溶解皮脂，适用于油性皮肤。

1）把黑色电极棒插入电极插座中。

2）根据所护理的皮肤面积选择相应的电极，并用酒精消毒。

3）将溶解皮脂的精华素或面霜涂于皮肤上。

4）将电极插入电极棒中，美容师手持电极棒（绝缘把手），将玻璃电极紧贴

在顾客的前额上。

5）打开电源开关，调节振动频率（电流强度）。当顾客适应后，电极在面部呈螺旋式或“之”字形按摩。

6）顺序为额头—右面颊—下颏—左面颊—鼻翼—鼻梁—额头，时间为2～7分钟。干性缺水皮肤电疗应时间短，强度低；而油性、暗疮皮肤应时间略长，强度稍高。

7）结束时将电流强度调至零，关上电源，将电极撤离皮肤。

（3）火花电疗　这种方法具有较强的杀菌效果，使伤口加快愈合。

1）用湿消毒棉片盖住顾客的眼部，美容师手持电极棒按下开关。调整电流强度，进行点状接触，点击炎症部位，一个部位一次性最长接触10秒。

2）玻璃电极与皮肤接触时，电极与皮肤间会产生一连串火花，略有针刺感属于正常现象。

3）将电流强度回零，取下玻璃电极。

4. 注意事项

（1）操作前应用湿棉片覆盖顾客眼部或请顾客闭上眼睛，点击时一个部位接触时间不得超过10秒。

（2）体内有金属架的人及孕妇禁止使用。

（3）使用前必须先装好玻璃电极再按开关。电流从弱到强逐渐变化。用毕电流强度回零。

（4）对细嫩的皮肤进行火花电疗时应用薄纱覆盖皮肤，减小电流对皮肤的刺激。

（5）过强的紫外线对视力有较强的伤害。雀斑和色斑皮肤不宜使用此仪器。

三、微波电脑美容仪

1. 工作原理

微波电脑美容仪是一种通过电脑微波作用于人体，补充人体生物电能，激活细胞，恢复肌肤弹性，从而达到延缓皮肤衰老的美容仪器，如图3—7所示。

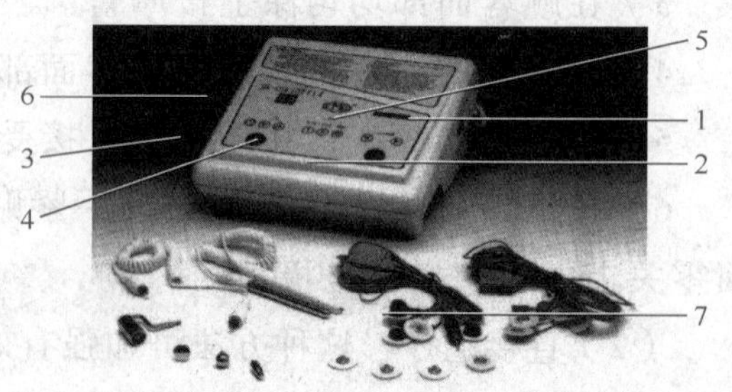

图3—7　微波电脑美容仪

1—开关　2—电流调节钮　3—频率调节钮　4—波型选择　5—波型显示　6—时间　7—附件

2. 功能

（1）模仿人体电能产生外电流，促进肌肉运动，恢复弹性。

（2）加速毛细血管的血液循环，增强细胞通透性，使养分有效地供给肌肉组织和皮肤。

（3）微电流可产生电离子渗透，补充肌肤水分，使皮肤滋润、光滑、恢复弹性。

（4）微波电脑使电力刺激深入皮下角质层组织至肌肉，帮皮肤修护弹性纤维及角质层组织，舒展皱纹。

3. 操作方法

（1）用品用具主要有棉签、护肤品、精华素。

（2）使用微波电脑美容仪前要先清洁皮肤，并将皮肤状态与皮肤问题做相应的记录。

（3）取适量清水倒入器皿中备用，将纸芯棉签放于仪器的探针内。

（4）确定使用的波型，调整频率与微电流，波型、频率、微电流的调配见表3—5。

表3—5 微波电脑美容仪波型、频率、微电流的调配

次数	波型	频率 Hz	微电流 mA	波型	频率 Hz	微电流 mA	波型	频率 Hz	微电流 mA	波型
1	Gentle	5	80	Sharp	10	160	Mild	30	80	Pulse
2	Gentle	5	80	Sharp	10	160	Mild	30	80	Pulse
3	Gentle	5	80	Sharp	10	320	Mild	30	160	Pulse
4	Gentle	5	80	Sharp	10	320	Mild	30	160	Pulse
5	Gentle	5	80	Sharp	120	320	Mild	30	320	Pulse
6	Gentle	5	80	Sharp	120	320	Mild	30	320	Pulse
7	Gentle	5	80	Sharp	240	320	Mild	30	320	Pulse
8	Gentle	5	80	Sharp	240	320	Mild	30	320	Pulse
9	Gentle	5	80	Sharp	480	320	Mild	30	320	Pulse
10	Gentle	5	80	Sharp	480	320	Mild	30	320	Pulse
11	Gentle	5	80	Sharp	480	320	Mild	30	320	Pulse
12	Gentle	5	80	Sharp	480	320	Mild	30	320	Pulse

注：1. Gentle 微柔和波；2. Sharp 方波；3. Mild 柔和波；4. Pulse 脉波

（5）美容师两手各持一边手柄，探针蘸清水在皮肤上运作。在具体操作过程

中可以灵活应用表 3—6 中的方法。

（6）关闭电源，清洁皮肤。

（7）根据皮肤需要敷面膜。

表 3—6　　　　　　　　　　微波电脑美容仪操作的方法

方法	动作要领	适用部位
双向按拉	两边的探针在同一起点按压，同时向两边移动。皮肤厚力度大些，皮肤薄力度小些。按拉时探针移动要慢，使其电力均匀渗透，探针到位后停留 10 秒	眉间横向、眉间斜向、下颏纵向、额部纵向、眉部横向、眼角纵向
单向按拉	两边的探针按压同一部位，一边探针在原位不动，一边探针向前移动	下颏横斜向、唇边到鼻梁的弧线形、下眼袋的外眼角向内眼角、上眼皮的外眼角向内眼角和额纵向
双向挤压	两边探针从两侧将肌肉夹向中间用力，这个动作力度要均匀，每个夹住肌肉的动作要停留 10 秒	面颊斜向、眉肌、颈部横向
单向挤压	一边探针压住皮肤起定位作用，另一边探针将皮肤推向定位点，再将皮肤夹住挤压。挤压力度均匀，并有适当深度，每个动作停留 10 秒	鼻唇间横向、面颊斜向、外眼角与发际斜向
双向拨	两边的探针同时起步于同一部位，同时向两边轻拨皮肤，动作要均匀协调，有节奏，有韵律。操作时用腕力摆动	下颏横向、眉间横向、鼻唇沟斜向、颈横向
单向拨	一边探针轻按皮肤起定点作用，另一边探针从定点处向外轻拨，动作要均匀协调，有节奏，有韵律	额纵向、眼角、上眼皮纵向、眼袋纵向、面颊斜向、下颏横向、颈部纵向及颈部横向

4. 注意事项

（1）破损皮肤、暗疮发炎的皮肤不宜做微波电脑美容。

（2）前四组动作探针的移动要慢，要有一定的力度；后两组动作探针的移动要快而有节奏，轻而不浮。

（3）探针内必须使用纸芯棉签，并保证用于皮肤上的棉签水分充足。

（4）微波电脑美容应连续做，每个疗程 12 次，每隔一天做一次。

四、按摩手

按摩手是通过特殊的适合人体波的微弱电流赋予细胞能量、活化细胞的，从而

达到改善皮肤机能和解决一些美容问题的目的。

1. 工作原理

按摩手是利用生化微电流与人体细胞活动的生物电所产生的共鸣作用，调动输送人体自身能量，激发细胞组织的活力，恢复人体的生理平衡与组织机能，起到促进脸部和身体淋巴良性循环，促使细胞重生，增强弹性、紧肤拉皮、减少蜂窝组织，分解脂肪块等作用。如图 3—8 所示。

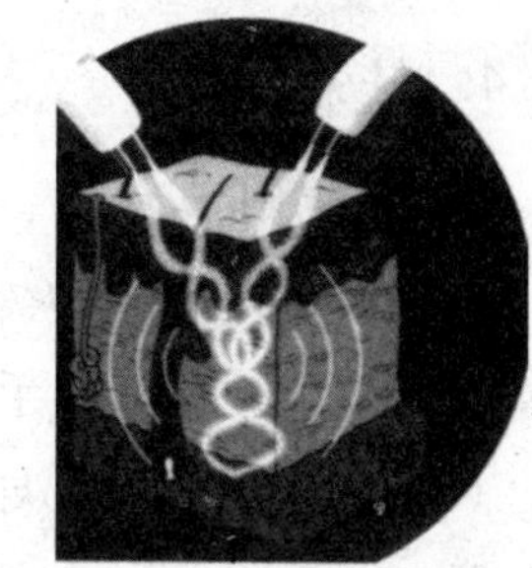
图 3—8 按摩手工作原理

2. 功能

按摩手具有拉皮、除皱、丰胸、提臀四大功效。

（1）提高皮肤保湿能力，改善皮肤吸收能力。

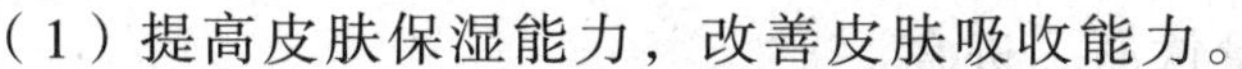

（2）促进血液及淋巴循环，维持正常的新陈代谢功能，强化血管壁，改善微血管扩张及肤色晦暗的现象。

（3）深入刺激细胞的机能，补充其生物电能，促进细胞活化，加速细胞代谢，消除黑斑。

（4）强化肌肉组织，恢复弹性，对坚挺胸部、提升臀部有明显效果。

（5）可收缩毛孔，去除老化角质，恢复细胞正常的离子排列组合，改善问题皮肤。

（6）具有消炎、抗菌及帮助伤口愈合的作用。

（7）可以分解毛孔内的污垢，恢复肌肤的光泽和弹性。

3. 操作方法

（1）将所需的仪器及附带常规护肤品准备好，分析顾客面部皮肤特点，确定需要改善的部位，并向顾客说明护理所需要的时间和在操作过程中的反应，让顾客做好心理准备。

（2）清洁皮肤，去除皮肤上多余的角质。

（3）将少许精华液倒入容器中备用。

（4）接通电源，打开仪器开关。

（5）美容师先戴上绝缘手套，再戴上导电手套，注意戴导电手套时只可接触操作面板，不要触摸电源开关、插座。

（6）美容师用手涂精华液，为顾客轻按全脸 1 ~ 2 分钟，然后依操作程序进行面部按摩。由脸部的下方开始，面部护理时间为 30 分钟。身体局部护理的方法相同，

但时间为 20 分钟。

（7）关闭电源，清洁护理部位。

（8）如面形轮廓欠佳者，可再用修改轮廓精华液或按摩霜，做手工按摩 5 分钟。

（9）敷面膜 15 分钟。

4. 注意事项

（1）使用手套时，务必先戴绝缘手套。

（2）操作进行中，务必保持肌肤湿润，否则无法达到最佳效果。

（3）顾客须摘掉手表及金属类饰品。

（4）美容师戴上导电手套后，双手不要接触仪器操作面板以外的电源、插头或电器。

（5）护理前，顾客避免大量饮酒、进食。

（6）心脏病患者、过敏体质者、血友病患者、皮肤病患者、美容整形使用硅胶者、受伤部位、孕妇及经期避免使用。

五、超声波美容仪

超声波美容仪是一种利用超出人类正常听觉反应范围的声波（机械振动波）作用于人体，而产生美容功效的美容仪器。如图 3—9 所示。

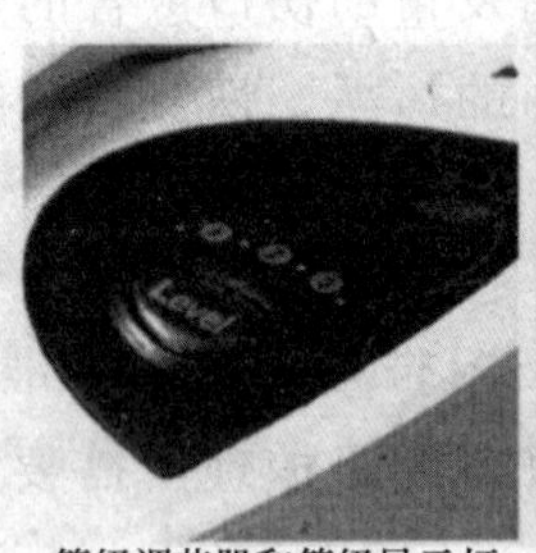

等级调节器和等级显示灯

手把一侧插孔

图 3—9　超声波美容仪

1. 工作原理

一般来说，正常人听觉能感知到的声波振动频率为 16 ~ 20 000 Hz，当超过 20 000 Hz 时，就不能引起正常人的听觉反应了，这种机械振动波即是超声波。超声波美容仪正是利用超声波的这种物理性能作用于人体，以达到美容治疗的目的。

2. 功能

（1）软化血栓，改善毛细血管扩张现象。

（2）消除痤疮及愈后疤痕。

（3）消除皮肤色素异常，如外伤的皮肤色素沉着，化学剥脱、激光治疗后的色素沉着。

（4）分化色素，淡化皮下斑，如黄褐斑、晒斑。

（5）防皱、除皱、去淤、活血。

（6）消除眼袋和黑眼圈。

（7）改善皮肤硬化症。

3. 操作步骤与方法

（1）根据使用部位及面积的大小选择声头并消毒，面积小的部位或眼部用小声头，声波强度调至 0.5～0.75 W/cm^2；面积大的部位用大声头，声波强度调至 0.75～1 W/cm^2；时间为面部 5～15 分钟，眼部 5 分钟左右。

（2）打开电源开关，预热 3 分钟，根据需要设置操作模式。

（3）清洁皮肤，根据皮肤类型及状况，选择合适的介质（药物或护肤品）。最好是胶状或膏霜状的，均匀涂在皮肤上。

（4）用酒精给声头消毒。操作时美容师手持声头要稳，手腕不要抖动。力度均匀，移动缓慢，呈“之”字形或螺旋形移动。面部走向顺序：右脸颊—下颏—左脸颊—额头。眼部护理时用小声头紧贴于下眼睑，由外眼角至内眼角打圈，与眼部按摩动作相似。

（5）护理完毕后，声头离开皮肤并关机，消毒后收好机器。不要马上清洗皮肤，让药物或精华素保留 5～10 分钟，使其充分吸收。

4. 注意事项

（1）做超声波护理前必须先清洁皮肤，涂上足够的药物或膏霜，以防皮肤受损。禁止声头直接作用于皮肤。

（2）操作时，应注意使声头紧贴皮肤，并轻柔地不断移动声头。

（3）操作时，严禁将正在使用的声头直接对着顾客的眼睛，以免伤害眼球。

（4）整个超声波护理时间最长不得超过 15 分钟，并根据皮肤厚薄，调整声波输出强度。仪器连续使用时间不要过长，每一疗程结束时，应按下暂停键，休息片刻。

（5）10 次为一个疗程，第二个疗程与前一个疗程间隔 1 周。

（6）对于敏感皮肤的护理，声波输出强度要低，力度要轻。

（7）声头使用后，要清洁消毒，以免交叉感染。将声头擦干保存，以免产生细菌和水渍。避免声头接触酸、碱物质。

第四节　减肥类仪器

减肥类仪器主要是辅助美体项目，起到美形塑身的作用。常见的减肥类仪器包括：热能减肥仪、电子消脂减肥仪、红外线太空舱等。

一、热能减肥仪

热能减肥仪是利用热能溶解脂肪，让荷尔蒙及酵素被激活，促进排汗及皮下脂肪的排除，活化生理机能的一种仪器。

1. 工作原理

热能减肥仪利用电磁穿透及共振原理，迅速把热能传导至皮下深层（3～5厘米），在短时间内提升体液新陈代谢的速度，加快血液、淋巴等体液循环速度，令血管扩张，血液的含氧量增加，淋巴系统的活性增强，有效地吞噬有害细胞和毒素，将人体内多余的以及因没有运动机能而积聚的固态脂肪振动分解燃烧，随扩张的汗腺排出体外。

2. 功能

深层发热、消耗多余热量，分解脂肪、促进再生机能。

3. 操作方法

（1）在进行体形分析后，用洗面奶进行局部清洁。

（2）用按摩霜进行指压按摩20分钟。

（3）将胶片擦拭干净平铺在美容床上，接通电源预热5分钟。

（4）用薄型毛巾或软布包裹减肥部位，将酵素减肥胶片加束带固定在减肥部位。

（5）调整定时开关40～50分钟，调整加热开关由低至高，以顾客适应程度为准，一般温度越高减肥效果越明显。

（6）终止时将温度调节旋钮调回零，并切断电源。

（7）清洁皮肤后量体围做记录，并与减肥前记录相对照。

4. 使用禁忌

（1）应使用薄型毛巾或软布包裹减肥部位，避免胶片与皮肤直接接触。

（2）破损皮肤或皮肤病患者、孕妇、心脏病患者禁止做酵素减肥。

二、电子消脂减肥仪

电子消脂减肥仪主要利用的是电脑程序，输出刺激电流，产生电脉冲波形，对人体进行按摩，加快多余脂肪分解的仪器。电子消脂减肥仪由三部分组成：电子脉冲发生器、输出电极和机箱，如图 3—10 所示。

图 3—10 电子消脂减肥仪

1. 工作原理

电子消脂减肥仪是通过电子对人体肌肉的刺激，输出低频电脉冲，作用于人体局部组织。可使肌肉有节奏地运动，排除多余热能，化解脂肪细胞的一种减肥仪器，可以用于除面部之外的全身各部位。

2. 功能

（1）通过被动式运动，消耗体内过剩的热能，防止过多的脂肪囤积，达到减肥的目的。

（2）刺激局部组织，令肌肉被动式运动，增强肌细胞活动能力，强健肌肉组织，达到健美效果。

3. 操作方法

（1）用品用具包括消毒棉、酒精棉、护肤品、减肥霜以及仪器和配件。

（2）在减肥部位量体围做记录。

（3）用洗面奶清洁皮肤后涂敷减肥膏做局部按摩。

（4）在放置导电胶垫的皮肤上衬贴湿棉片或直接在导片上涂抹水溶性啫喱。

（5）将导电胶垫一反一正错落排放，腹部可置 4~6 片，视腰围粗细而定。两个导电胶垫之间要保持 5 厘米间距。

（6）在排放导电胶垫部位，围上松紧绷带，使其松紧适度。

（7）按下开关调整韵律波形和强度。一般开始时先用低强度，再逐渐加强，使顾客逐步适应。

（8）先用疏密波做 35 分钟，再用间歇波做 5 分钟，最后再用疏密波做 10 分钟。

（9）减肥完毕将电流强度回零，关闭开关。除去松紧绷带和导电胶垫，并清洁皮肤。

（10）量取减肥部位体围，与减肥前对照并做记录。

● 特别提醒

导电胶垫的放置方法

（1）腿部导电胶垫放置方法有两种，如图 3—11 所示。

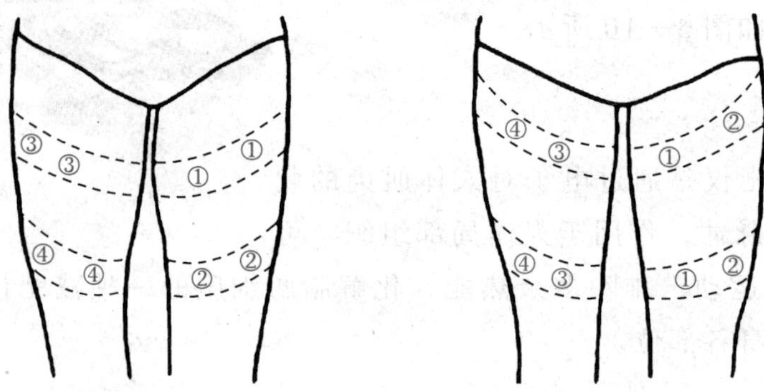

图 3—11　腿部导电胶垫放置方法

（2）腹部导电胶垫放置方法有三种，如图 3—12 所示。

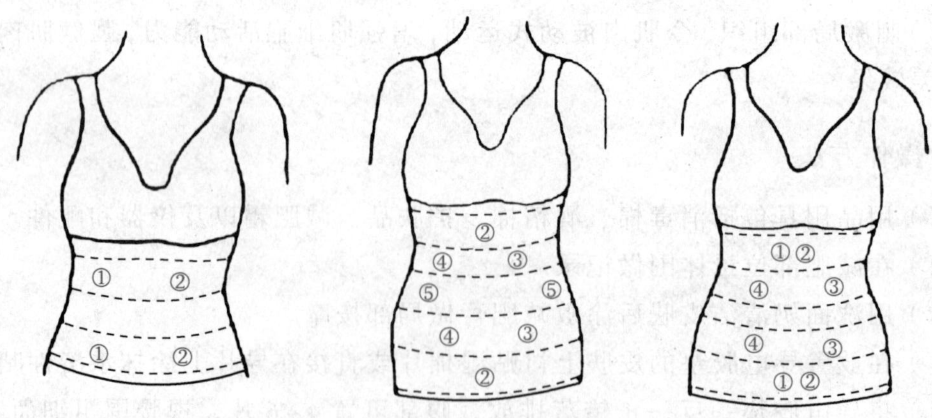

图 3—12　腹部导电胶垫放置方法

（3）胸部导电胶垫放置方法有两种，如图 3—13 所示。

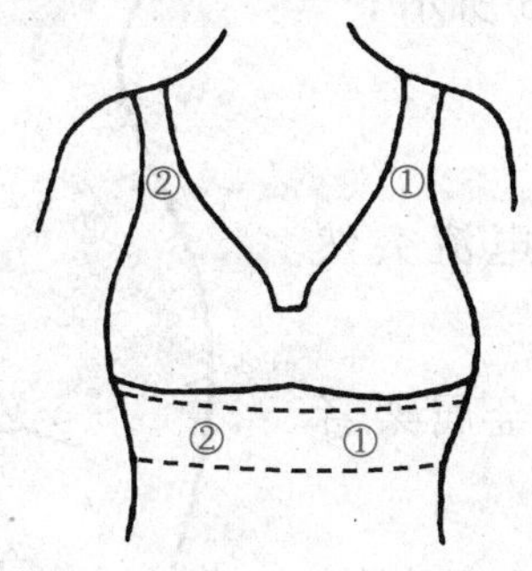

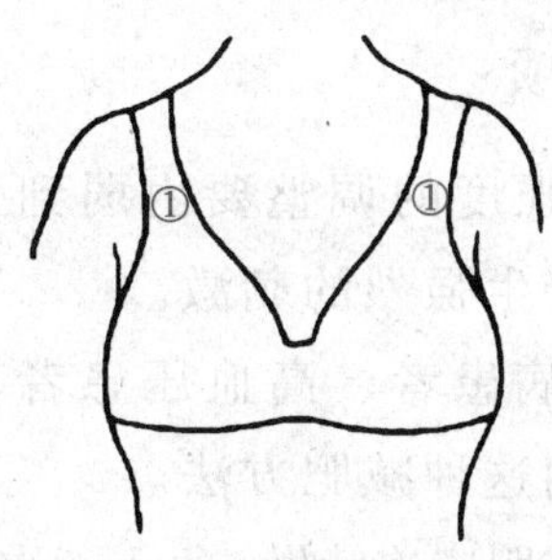

图 3—13　胸部导电胶垫放置方法

（4）肩、臂部导电胶垫放置方法，如图 3—14 所示。

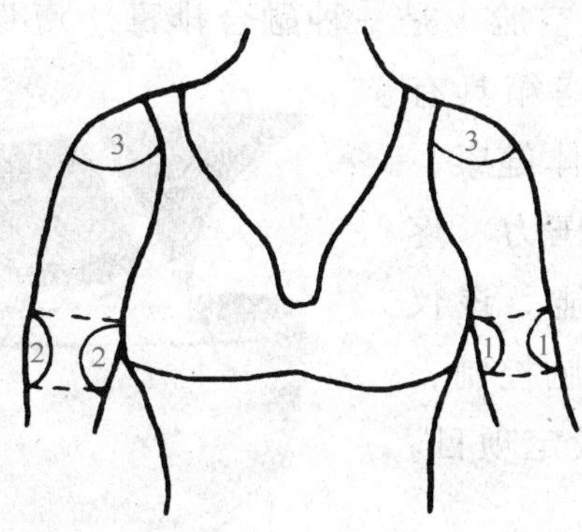

图 3—14　肩、臂部导电胶垫放置方法

（5）背部导电胶垫放置方法有两种，如图 3—15 所示。

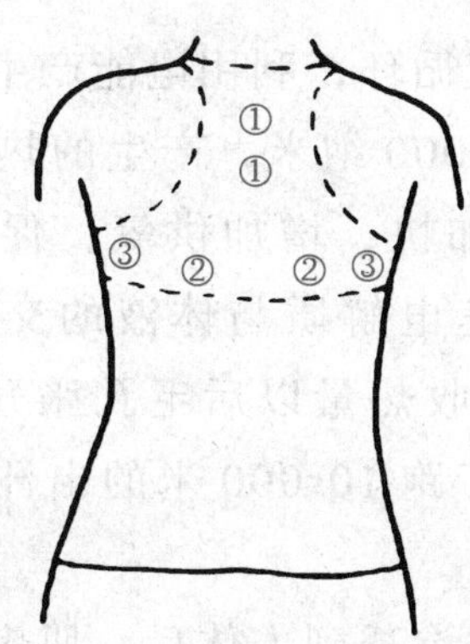

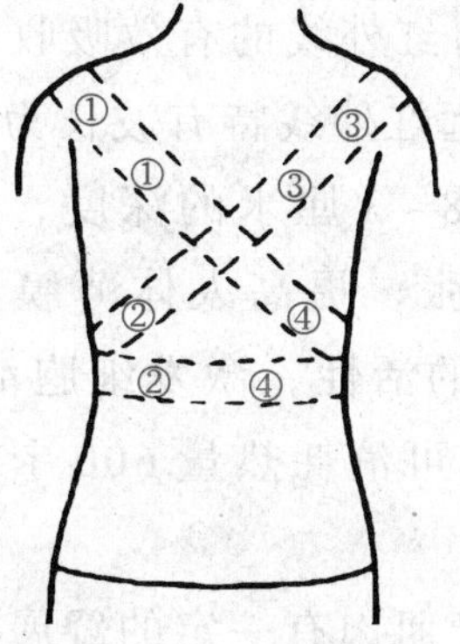

图 3—15　背部导电胶垫放置方法

（6）臀部导电胶垫放置方法，如图 3—16 所示。

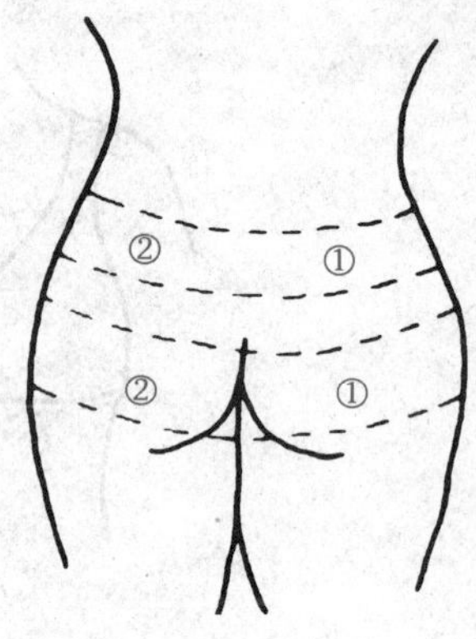

图 3—16　臀部导电胶垫放置方法

4. 注意事项

（1）电流强度的调整要由弱到强，避免电流突然过强，使顾客产生强烈的刺激。

（2）心脏病患者、高血压患者、体内有金属架者及孕妇禁止采用这种减肥方法。

（3）消脂减肥应连续做。每天一次，10 次为一个疗程。

三、红外线太空舱

红外线太空舱（简称太空舱）是一种融合排毒、瘦身、美容、抗压力、疼痛管理的全方位仪器。温热的烤箱具有排汗、排毒效果，有利于身体健康，远红外线热辐射还提供抗压力、疼痛管理、美容、瘦身的功能。该仪器使用安全舒适，全程微电脑控制，可根据客户喜好自行选择设定项目。如图 3—17 所示。

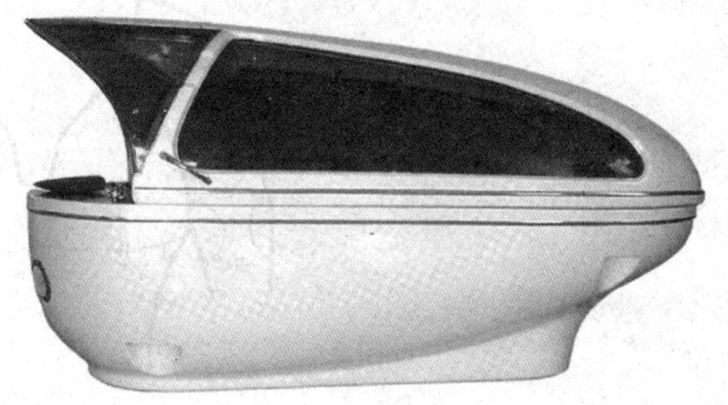

图 3—17　太空舱

太空舱是专用的 SPA 纤体设备，一般大型 SPA 中心会配有此设备。

1. 工作原理

由于人体对红外线的有效吸收可以促进血液循环，利用电能产生红外线，传导到人体组织。远红外线特有波长为 770 ~ 1 000 000 纳米，产生的热辐射可以迅速渗透到皮肤 1.8 ~ 3 厘米的深度，使血液循环加快，增加供氧，促进新陈代谢，可使微血管扩张，提高人体薄膜渗透压，加速电解质与体液的交换，增加组织的正常反应酶的活性，激发细胞活力。皮肤吸收热量以后毛孔张开，促进排汗。使用 20 分钟，可消耗热量 600 卡路里，相当于跑 10 000 米的出汗量。舱内温度可达到 90℃。

太空舱对于肌肉有一定的舒展作用，这种热渗透到人体后，肌肉的通导能力加强，肌肉的张力和紧张度都会大大地降低，使得肌肉软化，增加弹性，促进韧带、隔膜纤维恢复弹性，缓解并解除疼痛。

2. 功能

太空舱是结合芳香疗法、运动疗法与音乐疗法的自然理疗仪器，是嗅觉、触觉、听觉的综合刺激。利用高低周波的振动频率，配合红外线刺激，使静躺于舱体内的顾客接受高强度的瘦身体能运动，既舒适又见效，达到全身美容纤体的功效。它能松弛神经，改善睡眠，增强活力，全身美白、减肥，改善新陈代谢缓慢及免疫系统失调，促进血液循环。顾客还可以欣赏位于耳旁的微型立体声装置播放的音乐，让顾客浸浴在大自然的天籁之音中。位于舱体前端的气孔会吹出阵阵凉风，降低皮肤温度，缓解红外线照射的灼热感。

3. 操作方法

（1）太空舱预热。

（2）顾客入舱前，美容师在舱内铺垫保鲜膜，以防污染舱板。

（3）请顾客泡浴后，涂塑身精油或减肥膏，包裹保鲜膜入舱。（包裹的松紧度可依据顾客的要求）

（4）调试温度：上身温度 60℃，下身温度 65℃。（温度是逐渐提高的）

（5）在舱口也就是顾客的颈部，围上消毒毛巾，确保舱内热量不易散出。

（6）舱内美容结束须做适度的休息，让身体尽量舒展，身体温度渐渐趋于正常。再以温水沐浴，冲除体内排出的废物，擦净身体，涂抹适量润肤油增加肌肤的滋润程度。

（7）时间以 20 分钟为宜。

4. 注意事项

高血压、心脏病、哮喘病患者不能使用该仪器。

思考·练习

小刘是一位刚开始工作的美容师，她热爱本职工作，认真对待每一位顾客。一天有位顾客来做美容，她热情地接待着顾客，按操作程序为顾客进行美容：洗面—去死皮—蒸面—真空吸啜—按摩—上膜。操作完毕后，发现顾客脸上有紫红色的小圆点（淤血），顾客投诉其损美，要求赔偿。请问：小刘在工作中出了什么差错，导致顾客脸上有紫红色的小圆点（淤血）？如何解决？

第四章　皮肤护理

知识目标

掌握皮肤的基本类型，牢记皮肤分析的方法，了解不适合做皮肤护理的常见皮肤疾病。

能力目标

能正确进行面部清洁和脱屑，能根据皮肤性质有针对性地进行皮肤护理。

皮肤护理是一项系统性的程序，需要在正确判断皮肤性质和制定方案的基础上，针对面部、身体皮肤进行护理。

第一节 皮肤分析

准确地分析皮肤是为了让顾客准确认识自己皮肤状况、皮肤类型及皮肤存在的问题，也是美容师真正了解顾客的需求所在，是美容院对顾客进行皮肤护理的重要步骤之一。

顾客第一次护理之前，一定要进行皮肤分析与检测。由于季节、饮食、身体状况的变化等因素，皮肤的情况也会发生变化。因此，每次护理或分阶段护理都要进行简单的皮肤分析与检测。

一、皮肤的基本类型

美容师在为顾客进行皮肤护理服务时，应该首先判断顾客的皮肤性质，分析皮肤特征，进而达到护理皮肤的目的。判断皮肤类型，分析皮肤特征是美容师必备的基本功。

皮肤依据皮脂腺分泌状况、皮肤的 pH 值高低、表皮含水量等因素，可以分为中性皮肤、油性皮肤、干性皮肤、混合性皮肤四种类型。此外，还有敏感性皮肤、色斑性皮肤、衰老性皮肤、痤疮皮肤存在于以上各种皮肤类型中，各自具有特殊的表现状态。

1. 中性皮肤

中性皮肤是一种理想的、健美的皮肤。中性皮肤的皮脂与水分保持适当平衡，皮肤的 pH 值在 5 ~ 5.6 之间，新陈代谢正常，厚度适中，肌理不粗不细，皮脂分泌及汗液排泄适度。血液供应充足，面色红润，有弹性，较耐晒，对外界刺激不敏感，不易出现雀斑、粉刺等瑕疵。中性皮肤随季节变化而变化，冬季偏干性，夏季偏油性。

2. 干性皮肤

干性皮肤分为缺水干性皮肤和缺油干性皮肤，皮肤的 pH 值在 4.5 ~ 4.9 之间。

缺水干性皮肤的特点为皮肤肤色白皙，肌理细致，毛孔细小，容易出现细小皱纹，对外界刺激较敏感。眼部周围易出现皱纹和皮肤松弛现象，常有皮屑自行脱落。这类皮肤与汗腺活动能力衰退、维生素 A 缺乏、营养供应不足、饮水不够、身体疲劳等因素有关。

缺油干性皮肤的特点为毛孔不明显，皮脂分泌少，皮肤不油腻，少光泽，皮屑脱落。这类皮肤先天性皮脂腺活动能力弱或后天性皮脂腺活动能力衰退。另外，偏食脂肪少的食品，也易造成皮肤缺少油脂。

3. 油性皮肤

油性皮肤角质层水分正常，皮脂分泌量比中性皮肤高，皮肤的pH值在5.7～6.5之间，油性皮肤可分为普通油性皮肤和超油性皮肤。

普通油性皮肤其先天性皮脂腺活动激烈，雄性激素分泌旺盛，肤色较深，毛孔粗大，皮脂分泌量过多，皮肤油腻光亮，不易起皱纹，能经受外来刺激，易出现痤疮，常见于青春发育期的年轻人。

超油性皮肤大量分泌皮脂，皮脂易堵塞毛孔，形成白头，有的接触空气后氧化形成黑头，有的因细菌滋生繁殖形成粉刺或因化脓形成脓包，这类皮肤也称为暗疮皮肤。

4. 混合性皮肤

混合性皮肤是指同一张脸庞却具有干性、油性两种皮肤特征。前额、鼻部、下颏（也称“T”区）为油性，两颊、眼部、下颏多为干性，甚至脱屑。这类皮肤是由于皮脂分泌不均匀所致，中年女性皮肤80%属于此类型。

5. 色斑皮肤

在皮肤上出现咖啡色、大小形状不一的色素沉着。如：雀斑、黄褐斑等。

6. 暗疮皮肤

常见于年轻人，初期或较轻的人，皮疹以红色小丘疹为主。皮脂分泌过多，滞留于毛囊内不能顺利排出，而使皮肤油腻，并出现黑头粉刺、白头粉刺。

7. 衰老皮肤

皮肤组织功能衰退，皮肤变薄、变硬、角质层增厚以及色素增加，皮肤因缺水而干燥，缺少弹性，出现松弛、浮肿、下垂和皱纹。类似干性皮肤。

8. 敏感皮肤

敏感性皮肤对外来的过敏源，如花粉、尘埃、强紫外线光照射等，常常很敏感，易发生红斑或皮肤红肿发痒现象。

二、皮肤分析方法

1. 询问顾客

按照美容院顾客资料登记表要求填写的内容，以询问的方式让顾客自我介绍，并做最基本的资料登记记录，为准确分析皮肤提供信息参考。

2. 肉眼观察

对于未化妆的顾客，可直接用肉眼观察法直观判断皮肤的大致情况。可用拇指和食指在局部做推、捏、按摩动作，仔细观察皮肤毛孔、弹性及组织情况，或用手指掠过皮肤，感觉其粗糙、光滑、柔软或坚硬程度。注意，如果顾客化过妆，一定要先卸妆，彻底清洁面部皮肤后，再进行皮肤分析。

3. 使用专业仪器

（1）美容放大镜　洗净面部，待皮肤紧绷感消失后，用放大镜仔细观察皮肤纹理及毛孔状况。操作时应用湿棉片将顾客双眼遮盖，防止放大镜折光损伤眼睛。

（2）美容透视灯　美容透视灯内装有紫外线灯管，紫外线对皮肤有较强的穿透力，可以帮助美容师了解皮肤表面和深层的组织情况。不同类型的皮肤在透视灯下呈现不同的颜色。使用透视灯前，应先清洁面部，待皮肤紧绷感消失后再进行测试，并用湿棉片遮住顾客双眼，以防紫外线刺伤眼睛。

（3）美容光纤显微镜检测仪　此仪器利用光纤显微技术，采用新式的冷光设计，清晰、高效的彩色或黑白电脑显示屏，使顾客能够亲眼目睹自身皮肤或毛发状况。由于该仪器具有足够的放大倍数（一般为50倍或200倍以上），可直接观察皮肤的基底层，微观放大，即时成像。同时，电脑根据收集到的皮肤各方面的信息资料，进行综合分析判断，得出较为准确的结论。此方法简便、准确，使用广泛。

三、皮肤分析方法应用

运用以上皮肤分析方法后，根据皮肤特点，得出相应的皮肤类型，从而为制定皮肤护理方案做准备。分析方法的应用具体见表4—1。

表 4—1　　皮肤分析方法应用和检测结果

肉眼观察	美容 放大镜	美容 透视灯	美容光纤显微镜 检测仪	检测 结果
皮肤既不干也不油，面色红润，皮肤光滑细嫩，富有弹性	皮肤纹理不粗不细，毛孔较小	皮肤大部分为浅灰色，小面积有橙黄色荧光块	表皮部位纹理清晰，没有松弛、老化迹象。纹路间隔整齐、紧实，在真皮部位没有脂肪粒阻塞的现象，亦无褐色斑点	中性 皮肤
皮脂分泌量多而使皮肤呈现出油腻光亮感	毛孔较大，皮肤纹理较粗	皮肤上有大片橙色荧光块	表皮过油，纹路不清晰，有油光；真皮油亮、湿润。毛孔若阻塞严重，则表皮看不见纹路，真皮可见大小颗粒、粗糙、多杂质，颜色粗黄	油性 皮肤
皮脂分泌量少，皮肤较干，缺乏光泽	表皮纹路细致，毛孔细小不明显，常见细小皮屑	皮肤为青紫色	表皮纹路细致	干性 皮肤
在面部“T”形带呈油性，其余部位呈干性	“T”形带毛孔较大，皮肤纹理粗，其余部位呈干性	“T”形带有大片橙黄色荧光块，其余部位呈淡紫色	“T”形带的纹路看不清楚，有油光；眼周及脸颊处纹路较明显，没有油光现象；鼻周及下颌处则有颗粒阻塞物	混合性 皮肤
因皮脂分泌过多，滞留于毛囊内，以致不能顺利排出，而使皮肤油腻，并出现黑头粉刺、白头粉刺	毛孔粗大，油腻光亮，表皮粗糙，有黑头粉刺、白头粉刺	皮肤上有大片油渍，甚至浸透，呈透明状	表皮红肿发炎，皮肤上有一颗颗白色小粒，为白头；若是黑头，则表皮开口处有黑色脂肪团，黑头部位的真皮处则有微凸状的脂肪团。当粉刺进一步发展时，皮肤上鼓出一粒粒脓包，真皮周围呈现红褐色微血管扩张，中心点呈黑色	痤疮 皮肤
在皮肤上出现黄褐斑或咖啡色，大小形状不一的色素沉着	皮肤呈现棕色，有少量荧光块。灰褐色的表皮型黄褐斑，在透明灯下色泽不变；深褐色的混合型黄褐斑则斑点加深	皮肤为棕色，有少量荧光块	表皮的颜色呈咖啡色，深浅不一；真皮则呈整片或点状黄色，有的呈血管扩张般的红褐色	色斑 皮肤

续表

肉眼观察	美容 放大镜	美容 透视灯	美容光纤显微镜 检测仪	检测 结果
类似干性皮肤，弹性减弱，无光泽，皮下组织减少、变薄、皮肤松弛、下垂，皱纹增多，色素也增多	皮肤纹理较深	皮肤呈紫色，有悬浮白色	表皮没有纹路，表示肌肤萎缩紧绷；真皮纹路宽大，有的微血管扩张，表示肌肤松弛，皮肤上没有橘红色的颗粒，但是有浅咖啡色或深咖啡色的斑点	衰老 皮肤
类似干性皮肤或中性皮肤，皮肤毛孔紧闭细致，表面干燥缺水、粗糙、有皮屑，隐约可见毛细血管和不均匀潮红	可观察到紫色斑片	表皮呈发炎红肿，角质层较薄，毛细血管变浅	真皮部位呈一片红红的状态	敏感 皮肤

四、常见皮肤疾病

皮肤疾病是美容师分析和检测皮肤经常遇到的，对于超出美容范围的皮肤病，美容师要注意甄别。对于患有皮肤疾病的顾客，通常是不可以进行皮肤护理的。常见的皮肤病以皮疹居多。

皮疹是一种皮肤病变，从单纯的皮肤颜色改变到皮肤表面隆起或发生水疱等有多种多样的表现形式。皮疹可分为原发疹和继发疹：原发疹即损害初发时的皮损，继发疹则是由原发疹演变而来的损害。

1. 原发疹

（1）斑疹　即皮肤表面的变色小点，不凸起也不凹陷，如雀斑、黄褐斑、淤斑等。

（2）丘疹　即高出皮肤可以触摸到的隆起，一般为针头至1厘米直径大小，如痤疮。丘疹可转化为水疱、脓包，也可以完全吸收而消失，不留瘢痕。根据其形态、大小、颜色、分布情况，大多数可做出判断。

（3）水疱　为高出皮肤表面的含有液体的疱。多位于表皮层、表皮下或真皮上部，小如针头，大的直径不超过1厘米。水疱破后会形成糜烂面。水疱可自行吸收，干涸后形成鳞屑，愈后不留瘢痕。

（4）脓包　为高出皮肤表面的含有脓液的包，可由丘疹或水疱转变而成，其

内含物浑浊或呈黄色，周围常有红晕，一般为针头至黄豆大小。脓包可干燥成痂，也可破裂呈糜烂面。位于表皮的脓包愈后不留瘢痕，如进入真皮可形成溃疡，愈后有瘢痕形成。

（5）结节　为位于真皮或皮下组织的块状皮损，也可能凸出皮肤表面，大小不一，颜色、硬度、形态各异。

（6）囊肿　即含有液体或黏液分泌物及细胞成分的囊状损害，多发生在真皮或皮下组织，大小不一，呈圆形或椭圆形，触之有弹性感。

（7）风团　为真皮浅层急性水肿引起的隆起性皮损，大小、形态不一，发生急骤，消退迅速，一般数小时可退，不留任何痕迹。发作时常有剧痒，多呈红色或苍白色，周围有红晕，类似麻疹或虫咬症状。

（8）肿瘤　皮肤或皮下组织的新生物。小如绿豆，大如鸡蛋或更大，呈圆形、椭圆形或不规则形状，或软或硬。一般呈皮肤色，如有炎症则呈红色，有色素细胞增生则为黑色，持久存在或逐渐增大，会出现破溃形成溃疡，很少自行消失。

2. 继发疹

（1）鳞屑　主要是角质层大量脱落的上皮碎屑，如不正常的或过多的头皮。

（2）痂　是指皮损处的浆液、血液或脓液干涸后形成的浆痂、血痂或脓痂。

（3）糜烂　是表皮或黏膜缺损。皮肤表面潮红、湿润、有渗出。在水疱或脓包等破溃后，失去表皮即形成糜烂，愈后不留瘢痕。

（4）溃疡　是真皮或黏膜缺损。其大小、形态不一，愈后留有瘢痕。

（5）皲裂　是深达真皮的条形皮肤裂隙。通常由皮损或外伤造成，多见于皮肤活动多的部位，多发于干燥季节。

（6）瘢痕　是指真皮以下的组织缺损，被新生的结缔组织修复所形成的组织。瘢痕没有正常的皮肤纹理和附属器，所以没有弹性、皮沟、毛发，也不会出汗。

（7）萎缩　皮肤萎缩多见于表皮、真皮或皮下组织，是由于皮肤老化形成表皮细胞层数减少变薄而出现的萎缩现象。

（8）苔藓样变　是由角质形成细胞，特别是棘细胞层和角质层增殖引起的皮肤增厚。表现为皮沟变深、粗糙，常伴有干燥、色素沉着。多见于慢性瘙痒性皮肤病。

（9）浸渍　是指皮肤长时间浸在水中，角质层吸水过多后出现变白、变软和肿胀现象。

五、皮肤分析注意事项

第一，无论顾客的皮肤是受到环境、季节、气候的影响，还是受健康状况因素的影响，进行皮肤分析都要以当时的皮肤状况为基准。

第二，护理目的是解决当时皮肤亟待解决的问题，因此，在判断皮肤类型时应根据皮肤问题所占的比重做出相应的判断。

第三，超出美容范围的皮肤病不要擅自诊断，以免误诊。

第二节　面部清洁和脱屑

皮肤状况分析和清洁皮肤是美容的首要条件。面部皮肤经常暴露在空气中，空气中的污垢、尘埃、细菌等自然要附着在皮肤表面，以及皮肤自身分泌的油脂、汗液、死细胞等，这些原因都直接影响着皮肤正常的生理功能，引起皮肤感染、痤疮、毛囊炎等皮肤病。所以洁肤是护肤的前提和基础。

一、卸妆

1．准备工作

（1）将卸妆液（油）、湿棉片、棉棒、小碗、酒精（75%）、洗脸盆依次摆放在美容小车上。

（2）让顾客平躺在美容床上，铺好围在胸前的毛巾被，并为其包好头，以免产品沾在顾客的头发或衣服上。具体操作如下。

1）美容师将毛巾被平铺在顾客身上至胸前的部位，再将其脚部用毛巾包裹好（见图 4—1）。

2）在顾客头部下方平铺一条毛巾，使头部位于毛巾中央。

3）将第二条毛巾的底边向下折叠约 3 厘米的横边后，把顾客头的底部置于中央，然后将毛巾一边沿一侧前发际拉至额中部，包住耳朵和头发（见图 4—2）；再将另外一边的毛巾以同样方法包至额中部重叠，并用发卡夹住固定；然后将双手中指、无名指自额

部插入毛巾的边缘左右滑动一下，检查毛巾的松紧度并整理头发及耳部（见图 4—3）。

4）将第三条毛巾斜放于顾客胸前，远处的一端毛巾角斜拉 45° 反折，使毛巾呈“V”字形，然后将顾客颈部及胸前的衣领包好（见图 4—4）。

（3）美容师用酒精消毒自己的双手及相关用具。

（4）将适量卸妆液（油）倒入小碗里备用。

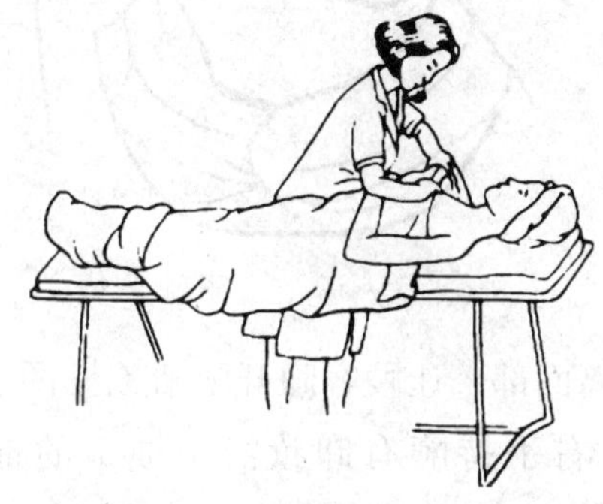

图 4—1　包裹毛巾

图 4—2　包裹头发和耳朵

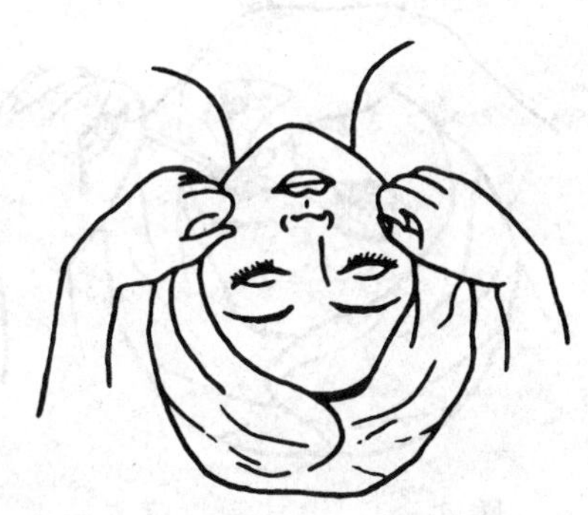

图 4—3　检查松紧度

图 4—4　包裹颈部和衣领

2．操作方法

（1）将两块棉片对折成双层，横放在顾客面部下眼睑的睫毛根处，让顾客闭上眼睛（见图 4—5）。

（2）左手按住棉片，右手持棉棒蘸取卸妆液（油），顺着上眼睫毛的生长方向，由睫毛根向睫毛尖进行清洗。分别对双眼进行上眼睫毛的清洁（见图 4—6）。

（3）更换新的蘸有卸妆液（油）的棉棒，由内眼角至外眼角进行滚抹，分别清洗双眼的上眼睫毛线(见图 4—7)。

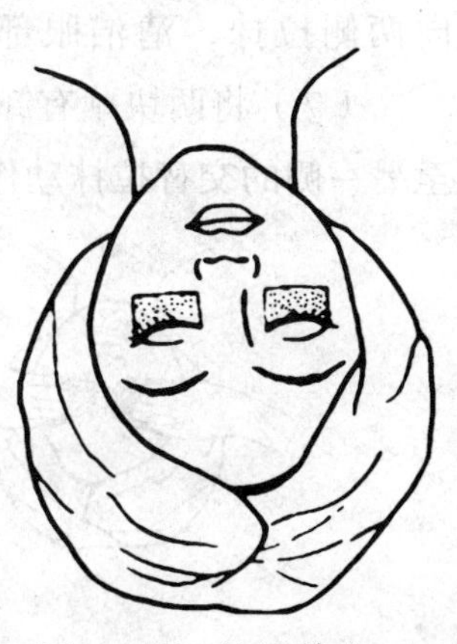

图 4—5　放置棉片

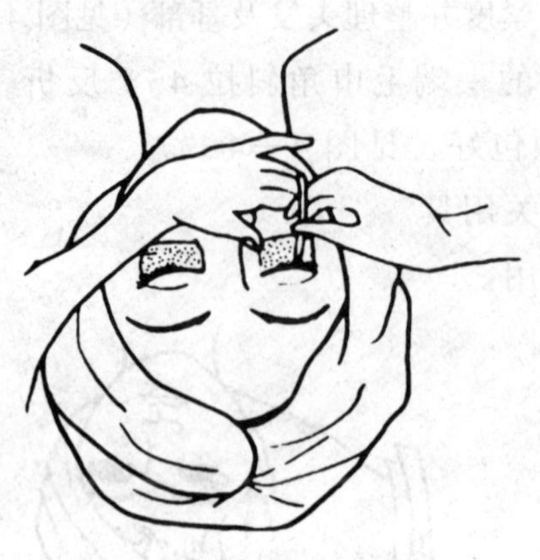

图 4—6　清洁上眼睫毛

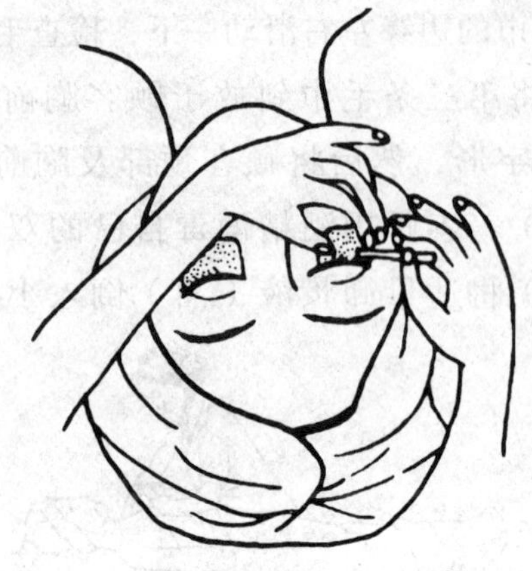

图 4—7　清洁上眼睫毛线

（4）双手拇指和食指夹住两侧的棉片，撤离面部，让顾客睁开眼睛（见图 4—8）。

（5）左手拇指将顾客下眼睑向下轻拉，右手持蘸有卸妆液（油）的棉棒，由内眼角至外眼角滚抹（见图 4—9）。

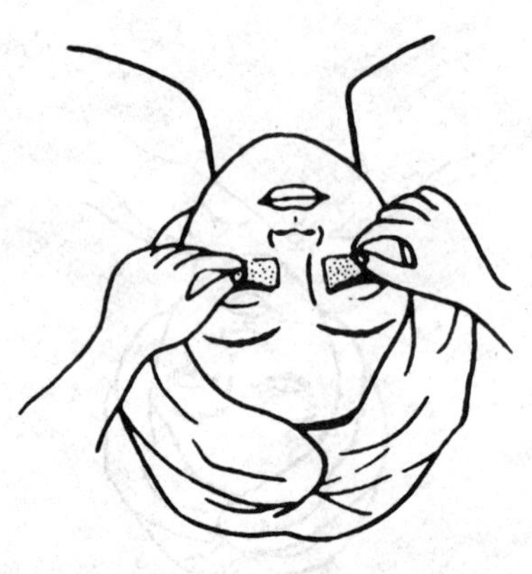

图 4—8　撤掉棉片

图 4—9　滚抹卸妆液（油）

（6）把蘸有卸妆液（油）的棉片对折成双层，分别盖在眼部和眉部，并同时向两侧拉抹，清洁眼部及眉部。可将棉片打开反折，重复使用（见图 4—10）。

（7）将两块蘸有卸妆液（油）的棉片对折成双层，分别放于嘴角两侧，做一侧嘴角至另一侧的交替拉抹动作。可将面片打开反折，重复使用，清洁唇部（见图 4—11）。

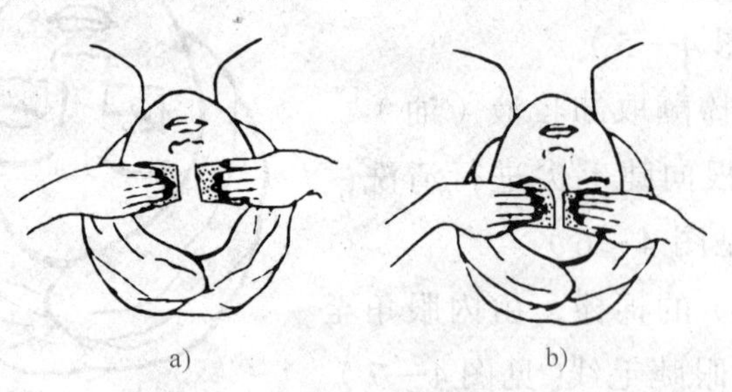

a)　　b)

图 4—10　清洁眼部和眉部

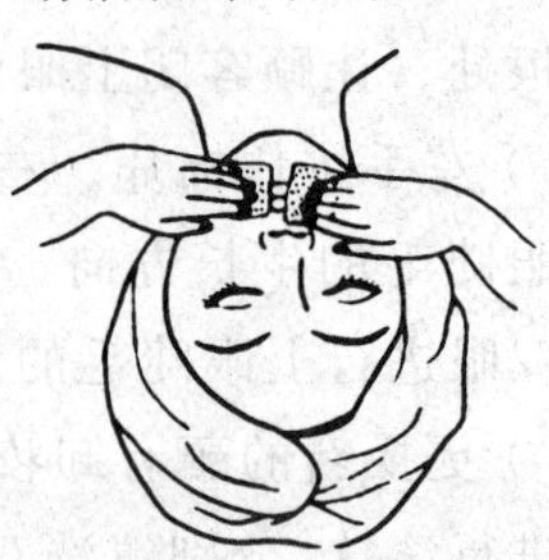

图 4—11　清洁唇部

二、面部清洁

1. 使用洗面奶清洁

（1）准备工作

1）将洗面奶、洗面海绵、小碗、洗面盆、刮板等工具摆放在美容小车上。

2）美容师用酒精消毒双手及相关用具。

3）将适量洗面奶倒入小碗内备用。

（2）洗面奶清洁面部的操作方法

1）取适量洗面奶涂抹在面部各部位，包括前额、两侧面颊、鼻部及下颏（见图 4—12），再用双手中指、无名指将洗面奶抹开涂匀。

2）双手中指、无名指并拢，由鼻根两侧拉抹至前额，再经额头向两侧拉抹至太阳穴。因前额有一定宽度，所以可在前额分三条线进行相同动作（见图 4—13）。

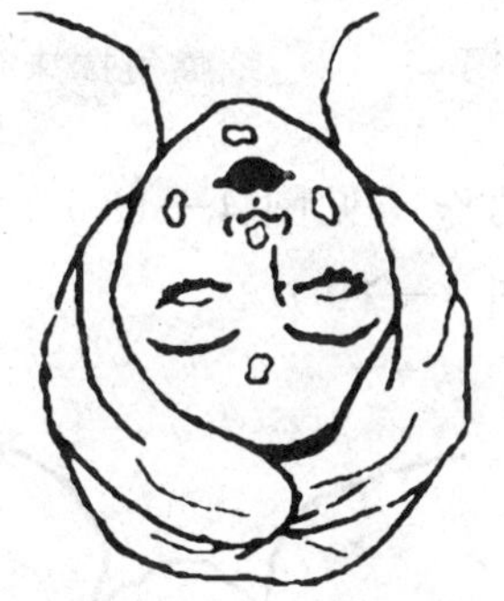

图 4—12 洗面奶涂抹部位

图 4—13 拉抹前额

3）双手中指、无名指并拢，分别沿两侧眼眶由太阳穴向下绕眼眶进行拉抹（见图 4—14）。

4）双手中指、无名指并拢，分别在两侧面颊做向上的打圈动作（见图 4—15）。

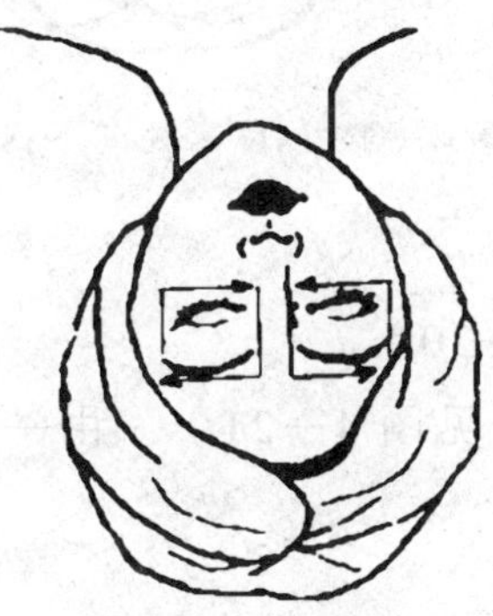

图 4—14 绕眼眶拉抹

图 4—15 面颊上的打圈动作

5）双手中指、无名指并拢，分别于下颏处做向耳底的向上向外的打圈动作（见图 4—16）。

6）双手中指、无名指并拢，做由下颏绕嘴角至人中的往返动作，人中处只用中指拉抹（见图 4—17）。

图 4—16　下颏至耳底打圈动作

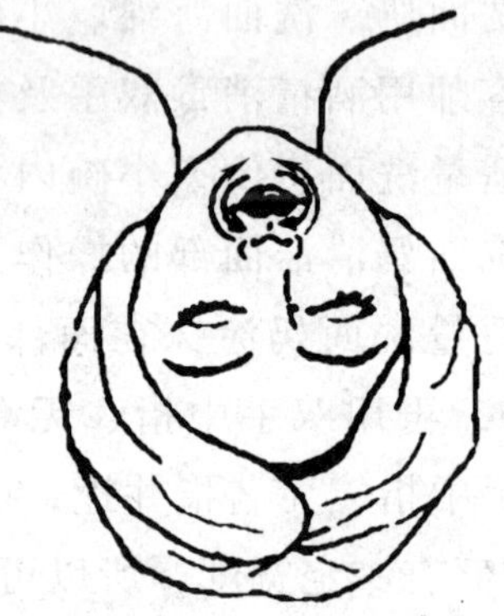

图 4—17　绕嘴角拉抹动作

7）双手中指做由人中绕鼻翼至鼻尖的往返动作（见图 4—18）。

8）双手中指于两侧鼻窝处向下打小圈（见图 4—19）。

图 4—18　由人中绕鼻翼至鼻尖的往返动作

图 4—19　鼻窝处向下打小圈

9）双手中指沿鼻梁两侧上下拉抹（见图 4—20）。

10）双手五指并拢，于颈部交替向上拉抹（见图 4—21）。由一侧耳底至另一侧往返，做满颈部。

图 4—20　沿鼻梁拉抹

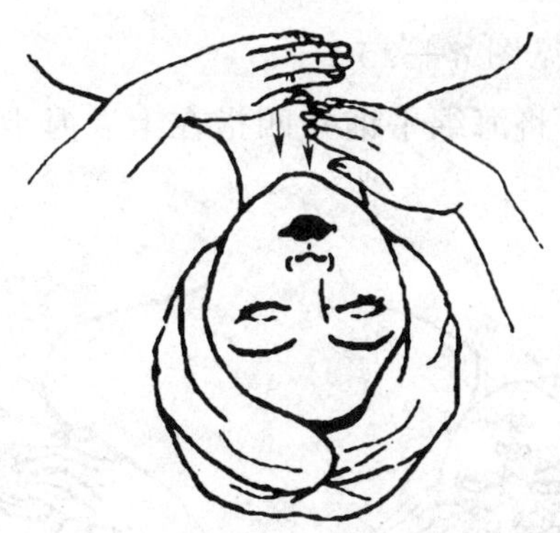

图 4—21　颈部向上拉抹

2. 使用洗面海绵清洁

（1）双手三指在上、拇指和小指在下夹住海绵，沿下颏向下擦抹，清洗颈部（见图 4—22）。由一侧耳底至另一侧后再返回，直至将颈部完全洗净。

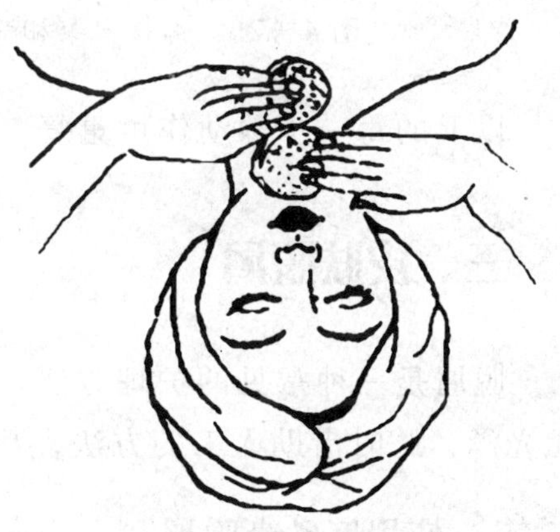

图 4—22　清洗颈部

（2）双手食指在上、四指在下夹住海绵，由下颏绕嘴角至人中做往返擦拭（见图 4—23）。

（3）用相同手法由人中绕鼻翼至鼻尖做往返擦拭（见图 4—24）。

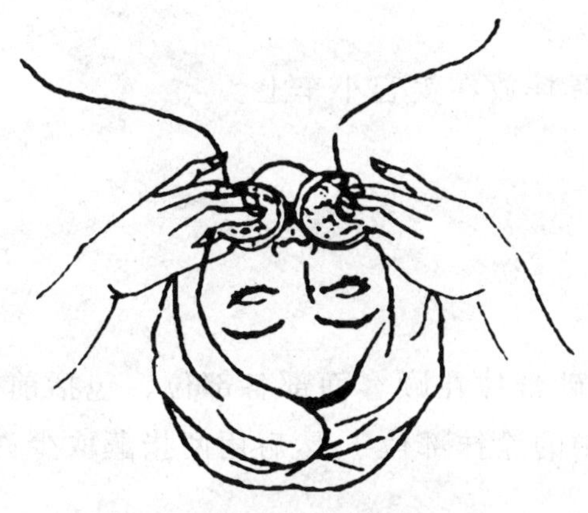

图 4—23　由下颏绕嘴角至人中做往返擦拭

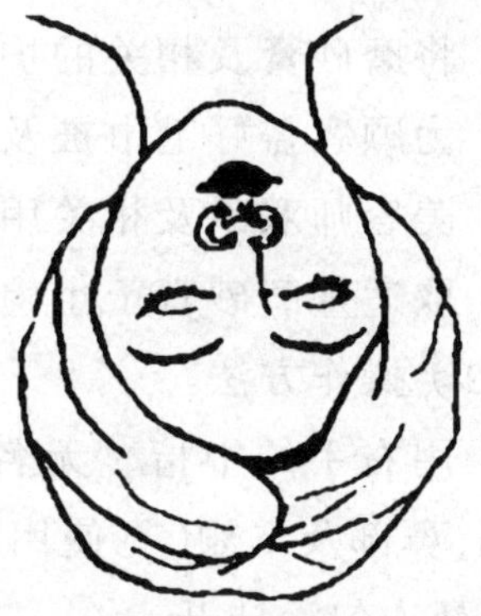

图 4—24　由人中绕鼻翼至鼻尖做往返擦拭

（4）用相同手法握住海绵于两侧鼻窝处向外打圈擦抹，然后沿鼻梁两侧向上拉抹至前额处。放平海绵，同时变为四指在上拇指在下，将海绵平拉擦抹至两侧

太阳穴（见图 4—25）。

（5）将海绵平铺并四指在上、拇指在下，分别在前额、眼部、唇部向外平拉（图 4—26）。

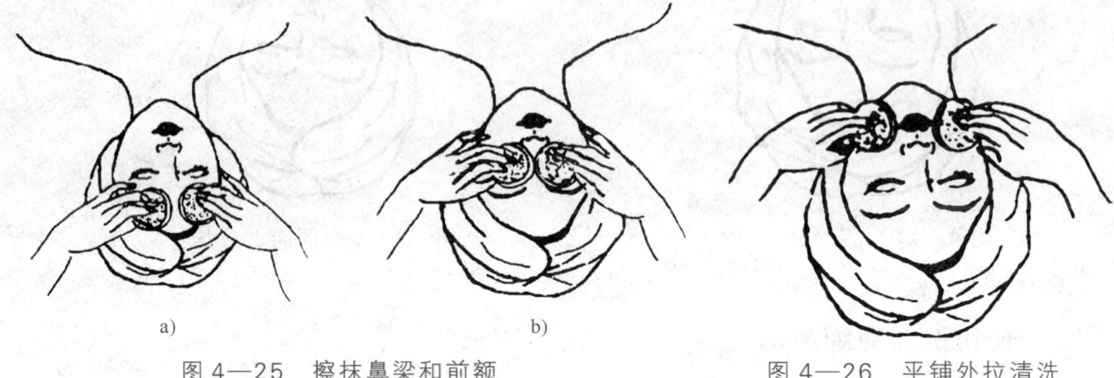

图 4—25 擦抹鼻梁和前额　　图 4—26 平铺外拉清洗

以上的每一步骤动作可重复 2~3 遍，直至将皮肤上的洗面奶清洁干净。

三、皮肤脱屑

脱屑是一种常见的护理方法。皮肤表层不断角化和更新，会出现粗糙、发黄、无光泽，此时借助人工的方法，帮助堆积在皮肤表层的死细胞挪去，这就是脱屑。

1. 使用磨砂膏脱屑

（1）准备工作

1）将磨砂膏及相关的护肤用品、用具摆放在美容小车上。

2）为顾客盖好毛巾被及包好毛巾。

3）美容师双手及相关用具消毒。

4）取适量磨砂膏于小碗中备用。

（2）操作方法

1）用右手的中指、无名指取适量磨砂膏抹在顾客面部各部位，包括前额、两侧面颊、鼻部及下颏（见使用洗面奶清洁中的涂抹部位）。然后用两指蘸取少许清水，将磨砂膏均匀涂抹开。

2）按顺序进行揉小圈的动作进行面部脱屑，依次为前额、两颊、口周、鼻部。其中前额、两颊是由中指、无名指向上向外揉小圈；口周是由中指、无名指做下颏至人中的往返拉抹；鼻部是由中指向下向外揉小圈，然后沿鼻梁两侧上下拉抹。时间只需 2~3 分钟（见图 4—27）。

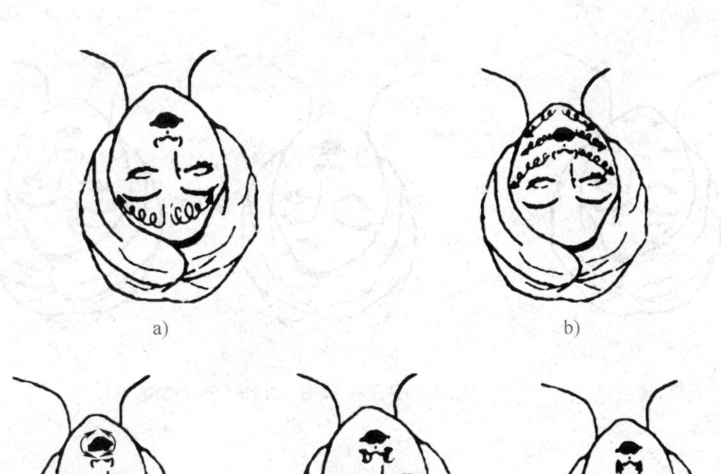

图 4—27　按顺序揉小圈

3）用洗面海绵清洗面部的磨砂膏。

4）可用面巾纸吸干面部的水分。

2. 使用去死皮膏

（1）准备工作

1）将去死皮膏及相关的护肤用品、用具摆放在美容小车上。

2）为顾客盖好毛巾被及包好毛巾。

3）美容师双手及相关用具消毒。

4）取适量去死皮膏于小碗中备用。

（2）操作方法

1）分别在面颊两侧垫上纸巾，目的是为接住脱落下来的代谢物。将去死皮膏均匀厚薄地涂于面部。

2）停留片刻，注意产品说明。

3）操作时左右两侧分别操作：做右侧时，左手的中指和食指叉开，右手的中指和无名指插入其中，做向外侧的揉搓动作；反向则用反方向手法操作（见图 4—28）。

4）用洗面海绵清洗面部残留的去死皮膏。

5）用面巾纸吸干面部的水。

面部清洁是护肤过程中重要的环节，是护肤的基础。掌握了卸妆、洗面、脱屑三个步骤，就能较好地打好洁面的基础，为下一步护理做准备。

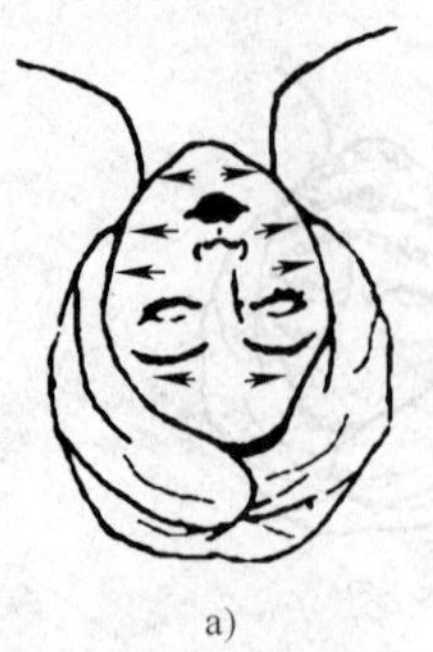
a)

b)

c)

图 4—28　揉搓动作

第三节　面部皮肤护理

皮肤护理须采取一些必要的科学的护理手段和方法，美容师在操作过程中，要规范地使用准确的手法和手段，为顾客进行完善、系统的皮肤护理。

一、一般类型面部皮肤护理

1. 中性皮肤护理

（1）主要用品、用具　洗面奶、去死皮膏、奥桑蒸汽仪、按摩膏、营养精华素、面膜、爽肤水、润肤霜等。

（2）护理程序

①清洁面部皮肤—②分析、判断皮肤性质—③奥桑蒸汽仪蒸面—④必要时脱屑—⑤导入营养精华素—⑥敷面膜—⑦喷爽肤水—⑧涂润肤霜，滋润皮肤。

● 特别提醒

敷面膜物品准备有：小碗、刮板、面膜刷、洗面海绵、纸巾、面膜粉。先将适量面膜粉和好待用，用面膜刷将面膜由下向上、由中间向两侧刷抹。眼部不能刷抹。静等 15~20 分钟，用洗面海绵洗去面膜，用纸巾吸去水分。

2. 干性皮肤护理

（1）主要用品、用具　洗面奶、卸妆水、去死皮膏、奥桑蒸汽仪、按摩膏、营养精华素或去皱精华素、热模粉、滋润液、营养润肤霜等。

（2）护理程序

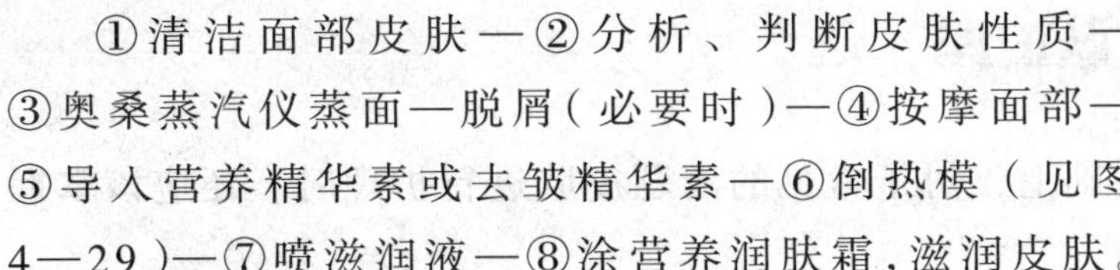

①清洁面部皮肤—②分析、判断皮肤性质—③奥桑蒸汽仪蒸面—脱屑（必要时）—④按摩面部—⑤导入营养精华素或去皱精华素—⑥倒热模（见图4—29）—⑦喷滋润液—⑧涂营养润肤霜，滋润皮肤。

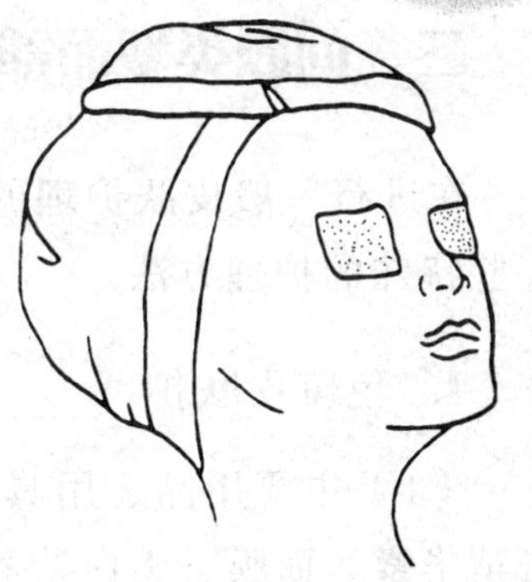

图 4—29　倒热模

● 特别提醒

（1）热模准备工作

1）将头重新包好，将头发尽量包入包头毛巾内。

2）用纸巾将包头毛巾、颈巾包严。

3）根据顾客皮肤特点，选用合适的营养底霜，均匀地涂于整个面部。眼部可用营养眼霜。对于汗毛过密、偏长者，应将底霜适当涂厚；额部、鼻部、下颏可适当多涂一些底霜，以便于起膜。

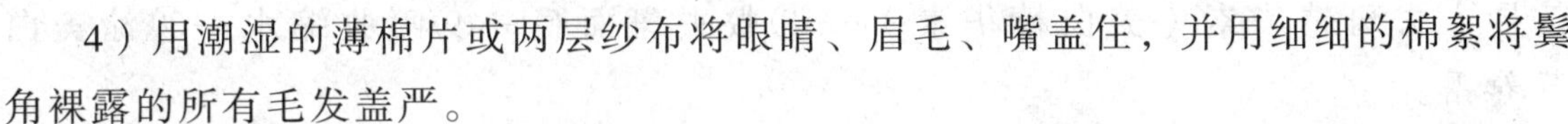

4）用潮湿的薄棉片或两层纱布将眼睛、眉毛、嘴盖住，并用细细的棉絮将鬓角裸露的所有毛发盖严。

（2）调模

1）将 250~300 克热模粉置于干燥消毒后的容器内。

2）加入适量的蒸馏水搅拌呈糊状，敷在顾客的面部。

（3）起模

等待 15 分钟左右就可以起模，美容师从发际处将模松动，自额部向下起下面模。

3. 油性皮肤护理

（1）主要用品、用具　油性洗面奶、卸妆水、磨砂膏、奥桑蒸汽仪、按摩膏、电疗膏、面膜、收缩水、真空吸啜仪、清爽乳霜、高频电疗仪等。

（2）皮肤护理程序

①清洁面部皮肤—②分析、判断皮肤性质—③奥桑蒸汽仪蒸面—④脱屑—⑤真空吸啜管吸啜，以清除毛孔中的污物—⑥使用高频电疗仪做电疗护理—⑦按摩面部—⑧倒膜—⑨喷收缩水—⑩涂清爽乳霜。

4. 混合性皮肤护理

（1）主要用品、用具同干性和油性皮肤用具。

（2）皮肤护理程序

①清洁面部皮肤—②分析、判断皮肤性质—③奥桑蒸汽仪蒸面—④脱屑—⑤涂营养霜—⑥按摩面部—⑦去斑精华素（美白精华素）导入—⑧倒膜—⑨喷收缩水—⑩涂美白营养霜。

二、问题类型面部皮肤护理

在进行一般皮肤护理的基础上，对于常见的问题皮肤进行护理时，还应该掌握一些特殊的护理方法。

1. 色斑皮肤护理

（1）主要用品、用具　洗面奶、卸妆液、奥桑蒸汽仪、磨砂膏、按摩膏、去斑精华素、面膜、美白营养霜、祛斑霜。

（2）皮肤护理程序

①清洁面部皮肤—②分析、判断皮肤性质—③奥桑蒸汽仪蒸面（慎用）—④脱屑（必要时）—⑤涂祛斑霜，用超声波美容仪进行治疗—⑥面部按摩—⑦导入去斑精华素（美白精华素）—⑧敷去斑面膜—⑨喷收缩水—⑩涂美白营养霜。

2. 暗疮皮肤护理

（1）主要用品、用具　暗疮专用洗面奶、去死皮膏（水）、75%浓酒精、暗疮治疗膏、暗疮冷冻面膜或冷模及暗疮底霜、暗疮收口膏或暗疮消炎膏、按摩膏、奥桑蒸汽仪、真空吸啜仪、高频电疗仪。

（2）皮肤护理程序

①清洁面部皮肤—②分析、判断皮肤性质—③奥桑蒸汽仪蒸面—④暗疮不严重者，可避开暗疮部位进行局部脱屑（必要时）—⑤真空吸啜管吸啜—⑥使用暗疮针对暗疮进行清理治疗（每次不易清理过多）—⑦用高频电疗仪做电疗护理—⑧导入收缩毛孔精华素—⑨使用按摩膏对暗疮不严重部位进行短时间（5~10分钟）按摩—⑩倒暗疮冷冻面膜或涂暗疮底霜倒冷膜—⑪喷暗疮收缩水—⑫暗疮部位涂暗疮消炎膏或暗疮收口膏—⑬其他部位涂暗疮治疗霜。

● 特别提醒

使用暗疮针的注意事项如下。

（1）暗疮针应该严格消毒。

（2）以接近平行于皮肤的角度斜向从暗疮皮肤最薄的部位轻轻刺破，不可刺至真皮。

（3）将暗疮针衔有小圆环的一端对准暗疮刺破口，用力下压，然后向一侧用力拉，将暗疮内含物彻底挤压排出。

（4）操作完毕，应及时将暗疮针彻底清洗、消毒。

3. 衰老皮肤护理

（1）主要用品、用具

洗面奶、奥桑蒸汽仪、去死皮膏、按摩膏、面膜粉、滋润水、营养霜、阴阳电离子仪、抗衰老精华素。

（2）皮肤护理程序

①清洁面部皮肤—②分析、判断皮肤性质—③用去死皮膏（水）脱屑（必要时）—④奥桑蒸汽仪蒸面—⑤按摩—⑥用阴阳电离子仪将抗衰老精华素导入皮肤—⑦倒营养面膜或倒热模并配维生素或人参蜂王胎盘底霜—⑧喷滋润水—⑨涂营养霜。

● 特别提醒

按摩时应根据顾客不同部位的不同衰老状况，有重点地进行按摩 15~20 分钟。

4. 敏感皮肤护理

（1）主要用品、用具　洗面奶、去死皮膏、奥桑蒸汽仪、阴阳电离子仪、精华素、面膜粉、纱布、防敏爽肤水、营养霜。

（2）皮肤护理程序

①清洁面部皮肤—②分析、判断皮肤性质—③用软化皮肤膏脱屑（禁用磨砂膏脱屑）—④奥桑蒸汽仪远距离短时间蒸面—⑤阴阳电离子仪导入精华素—⑥面部穴位按摩（中式指压穴位），避免大面积揉按面部皮肤—⑦倒膜—⑧喷防敏爽肤水—⑨涂防敏性营养霜。

● 特别提醒

倒膜时可厚涂防敏底霜倒冷膜，也可将特制的冰水纱布盖在脸上，将面膜涂于纱布上。20 分钟后，将纱布与面膜一同取下。

第四节　肩颈、手臂部位皮肤护理方法

颈部的皮肤是由非常细的肌纤维所组成，属于较脆弱的部位。不管冬天还是夏天，都暴露在外，如果不注意保养，这些肌纤维会失去弹性，容易形成皱纹，易造成皮肤粗糙、衰老。通过肩、颈部的皮肤护理，可以减缓肩、颈部皮肤机能的衰老，促进血液循环，增强机体的新陈代谢，减少皮肤的皱纹和松弛现象，达到延缓肌肤衰老的作用。

一、肩、颈部皮肤护理

1. 肩、颈部皮肤护理方法

肩、颈部皮肤护理在美容院通常作为一个独立的美容项目，在为顾客进行护理之前，请顾客换穿美容院的美容衣，并为其包头。

①清洗肩、颈部皮肤—②分析、判断皮肤类型—③用奥桑蒸汽仪喷蒸—④必要时脱屑—⑤按摩（详见肩、颈部皮肤护理按摩手法）—⑥导入精华素—⑦敷软膜—⑧喷收缩水—⑨敷滋润液—⑩涂营养霜。

- 特别提醒

（1）将洗面奶分别置于 8 个部位，并均匀涂抹。

（2）将适量洗面奶置于左手掌，双手相对匀开清洗肩、颈部皮肤。

2. 肩、颈部皮肤护理按摩手法

（1）按抚颈部　双手五指并拢，在颈部正前方先轻柔向上抚摸按摩，在颈部外侧则可以适当加大力度（见图 4—30）。

（2）按抚拉抹颈部　双手交替从颈根部向上按抚至下颏，并向两侧做拉抹动作（见图 4—31）。

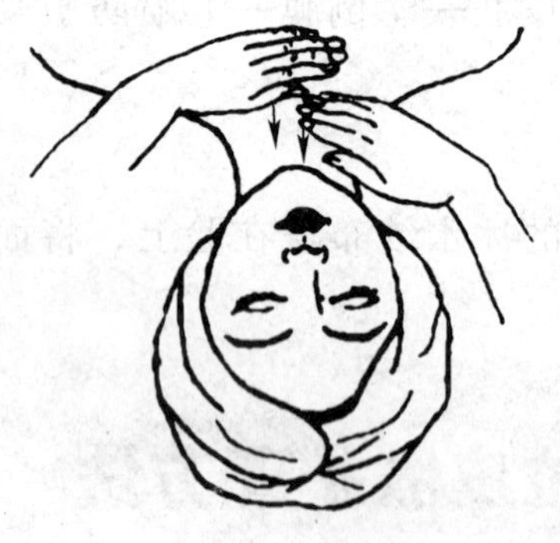

图 4—30　按抚颈部

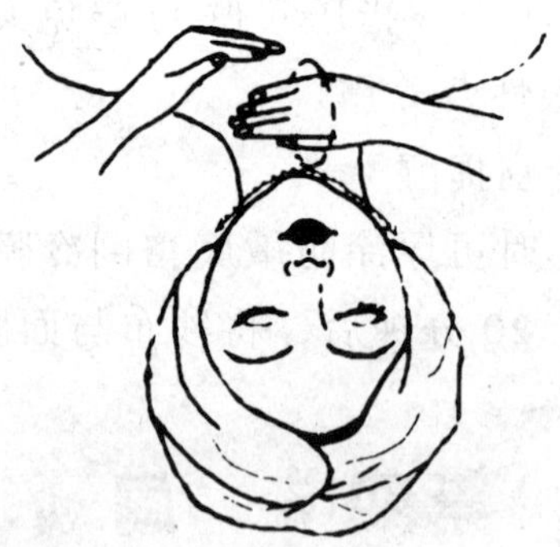

图 4—31　按抚拉抹颈部

（3）颈部揉小圈　双手沿胸锁乳突肌走向，向外、向下揉小圈（见图 4—32）。如此反复。

（4）按揉颈后　双手在颈椎骨两侧由下向上稍用力按揉（见图 4—33）。重复数次。

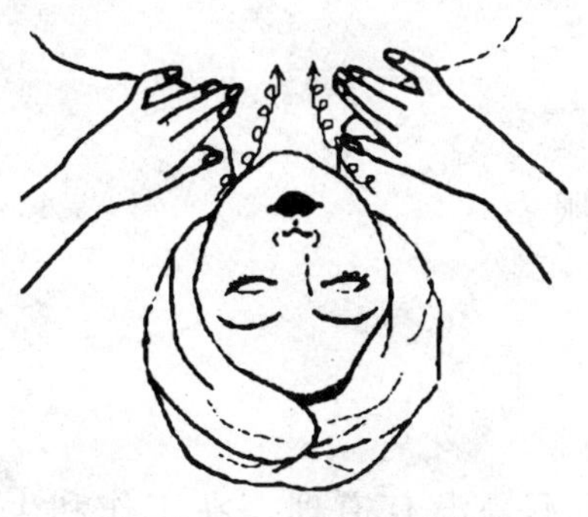
图 4—32　颈部揉小圈

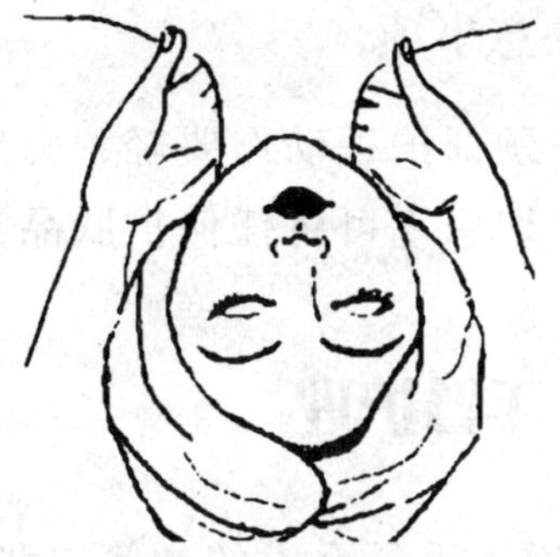
图 4—33　按揉颈后

（5）点按肩部穴位　双手微握，用拇指的指腹从两肩外侧至颈部依次点按肩髎穴、巨骨穴、肩井穴、肩外俞穴和肩中俞穴（见图 4—34）。

（6）拿捏三角肌　双手的拇指、中指及食指在后肩胛骨用力拿捏（见图 4—35）。

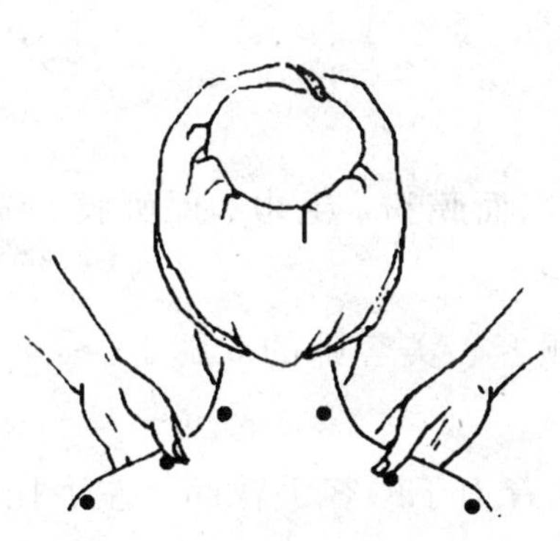
图 4—34　点按肩部穴位

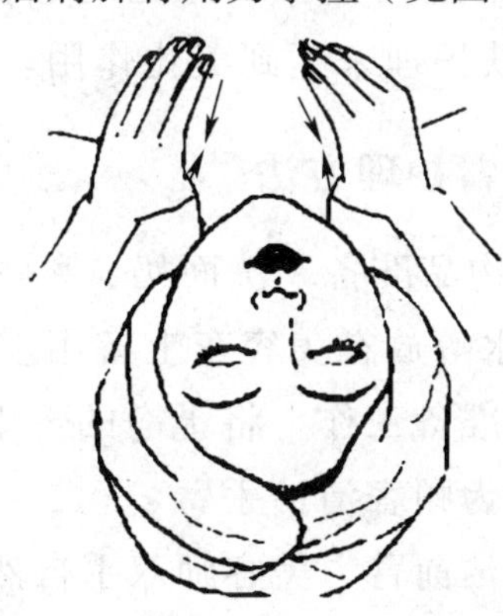
图 4—35　拿捏三角肌

（7）拿捏肩部　双手置于颈部两侧，用虎口卡住胛提肌（见图 4—36），双手将肌肉拿起，再松开，从颈部两侧至双肩、大臂，然后返回颈部两侧。如此反复。

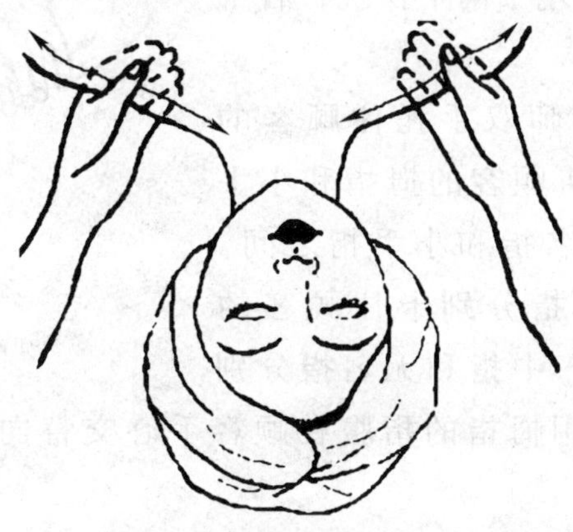
图 4—36　拿捏肩部

3. 注意事项

（1）颈部护理动作要轻，力度要小。

（2）切忌不可将任何护肤品弄脏顾客衣服。

二、手臂护理

有人说，手是女人的“第二张脸”，这并不是没有道理。在工作和生活中，与友人会见、出席聚会、握手、致意等一些社交活动，伸出的手都像橱窗一样展示着人的职业、年龄等特征。漂亮、理想的手应是手指、手掌丰满适度，手形修长，手指外形线条流畅圆润，皮肤细腻、白嫩、滋润，指甲平滑、光洁。每一个年轻的女性都希望拥有一双漂亮的手臂，要想拥有细腻、滋润、光滑的手臂，可借助手臂的皮肤护理来达到美化作用。

1. 手臂护理方法

（1）物品准备　洗面奶、磨砂膏、按摩膏、面膜粉、毛巾、保鲜膜、洗面海绵、脸盆、温水等放在美容车上备用。

（2）准备工作　将干净的毛巾分别铺在顾客、美容师的双腿上。

（3）为顾客清洁手臂

1）清洁前臂　美容师双手自然并拢，全掌着力于顾客手臂部。左手托住顾客手腕部，右手从腕部向上推抚至肘部时，翻掌至手臂下方，托住肘部；与此同时，美容师左手翻掌至顾客手臂上方，然后右手向下拉抚、左手向上推抚，分别至腕部和肘部时，美容师双手同时翻掌，变为左手向下拉抚，右手向上推抚（见图4—37）。

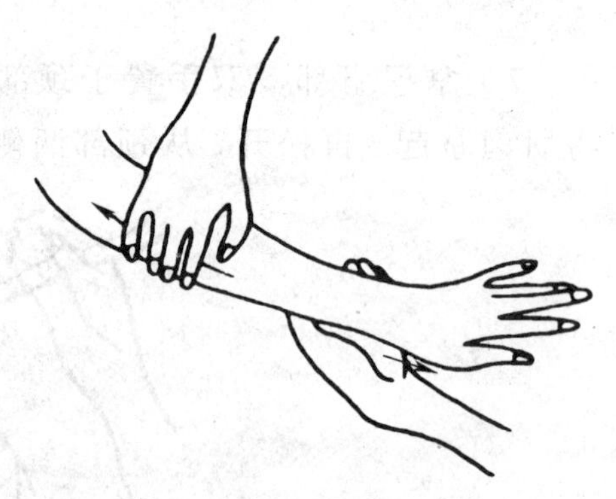

图4—37　清洁前臂

2）清洁手掌　美容师双手托住顾客的手，使其手心向上，并将顾客的拇指和小手指分别卡于美容师的无名指和小手指之间。美容师在用小指、无名指分别卡住顾客的小指和拇指时，用食指、中指和无名指分别托住顾客的手背，同时用拇指的指腹在顾客手心交替向外、上方向摩小圈（见图4—38）。

a)

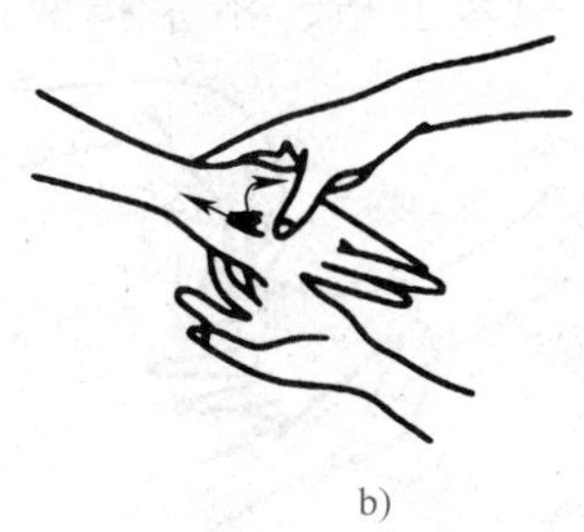
b)

图 4—38　清洁手掌

3）清洁手背　美容师双手分别托住顾客的手，用双手指腹沿各掌骨之间交替从指根部向上、外方向摩半圈；摩至腕部后，按摩手背部；按摩顺序可由左侧掌骨之间至右侧，也可由右侧掌骨之间至左侧（见图 4—39）。

（4）手臂磨砂脱屑　美容师双手自然并拢，分别托住顾客的手腕部，顾客手背向上。用拇指指腹由腕部沿手臂外侧向外、上方摩小圈。至肘部后，使顾客的手心向上，美容师双手回位至顾客手腕，动作同前，为顾客手臂内侧摩小圈至肘部（见图 4—40）。

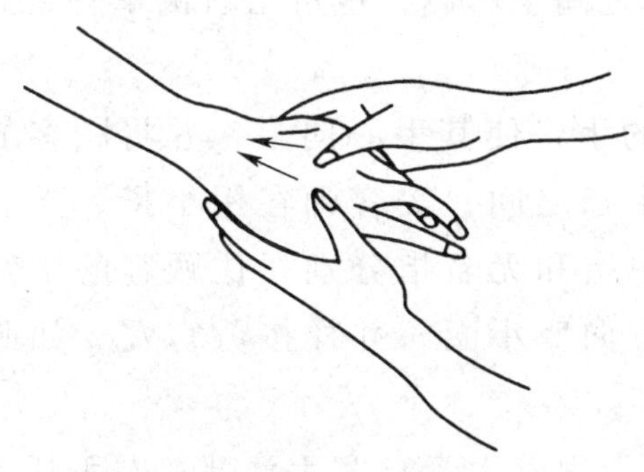
图 4—39　清洁手背

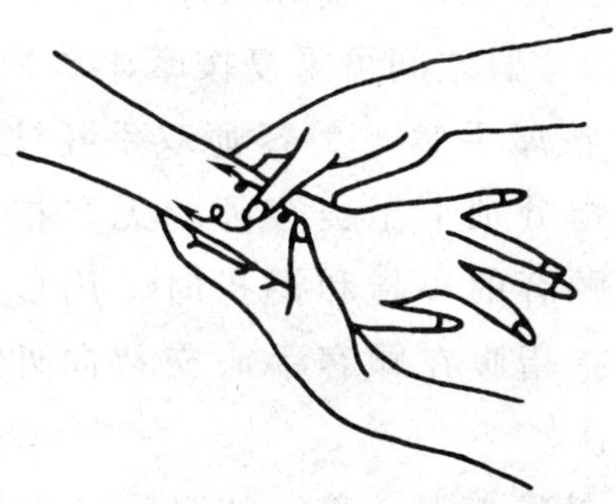
图 4—40　手臂磨砂脱屑

（5）按摩手臂

1）按摩手指背侧　美容师以左手拇指和食指指腹轻轻捏住顾客的手指。用右手拇指指腹在顾客手指背侧，从指尖开始向上摩小圈；摩至指根部位后，用力攥住手指拉回指尖，在指尖部加力，并迅速弹离顾客手指。按摩时从小指向拇指依次进行。每根手指按摩 4~5 次（见图 4—41）。

2）按摩手指两侧　美容师左手托住顾客的手，使其手背向上，美容师右手微弯曲，手心向下，用食指、中指夹住顾客手指两侧，从顾客指尖部摩小圈，渐渐移向指根部，按摩手指两侧。摩至指根后，美容师右手向上翻 180°，用食指、中指的指根部夹住顾客手指，沿手指两侧用力慢慢拉回指尖（见图 4—42）。

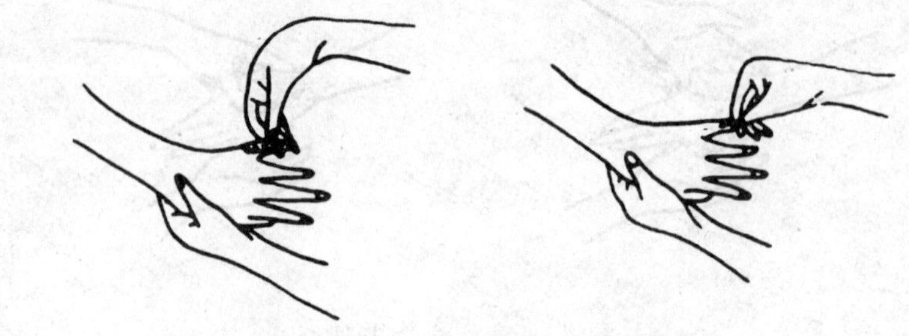

图 4—41　按摩手指背侧

图 4—42　按摩手指两侧

3）按摩手背　按摩顺序可由左侧掌骨之间至右侧，也可由右侧掌骨之间至左侧，每个掌骨之间可重复按摩 4~5 次。

4）按摩手掌　美容师双手托住顾客的手，使其手心向上，并将顾客的拇指和小手指分别卡于美容师的无名指和小手指之间。美容师在用小指、无名指分别卡住顾客的小指和拇指时，用食指、中指和无名指分别托住顾客的手背，同时用拇指指腹在顾客手心交替向外、上方向摩小圈，并揉按劳宫穴。如此反复 25~30 次。

5）按摩前臂　美容师双手自然并拢，全掌着力于顾客手臂部。左手托住顾客手腕部，右手从腕部向上推抚至肘部时，翻掌至手臂下方，托住肘部；与此同时，美容师左手翻掌至顾客手臂上方，然后右手向下拉抚、左手向上推抚，分别至腕部和肘部时，美容师双手同时翻掌，变为左手向下拉抚，右手向上推抚。如此反复 25~30 次。

6）活动腕关节　美容师用左手托住顾客的左肘，将顾客的前臂竖起，与上臂成 90°。美容师右手四指与顾客左手的四指交叉，美容师右手用力向前、下方压顾客的左手；随后美容师的右手指根部尽力向上抬，将顾客的手指向手背方向推，最后再将顾客的手掌尽力向手背方向推。如此反复后，美容师左右手动作交换，活动顾客右手腕（见图 4—43）。

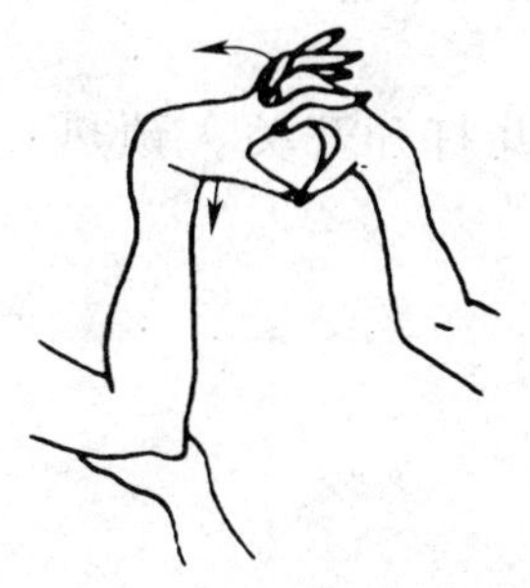

图 4—43　活动腕关节

7）旋转活动腕关节　美容师将顾客手臂竖起，左手握住顾客手腕部，右手握住顾客手掌，慢慢左右旋转手腕。如此反复 20~25 次（见图 4—44）。

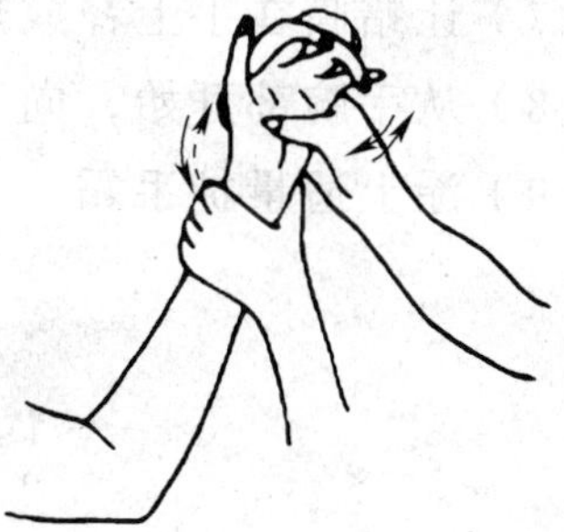

8）抖动活动手背各关节　顾客手臂自然平伸、放松。美容师双手握住顾客四指，腕部放松，上、下快速抖动，带动顾客整个手臂随之抖动。如此反复 4~6 次（见图 4—45）。

图 4—44　旋转活动腕关节

9）调整动作　美容师左手托住顾客的左腕，右手四指与顾客左手四指交叉，用手指根部分别夹住顾客的手指根部，从指根用力拉向指尖。反复 3~5 次后，美容师左右手动作交换，按摩顾客右手（见图 4—46）。

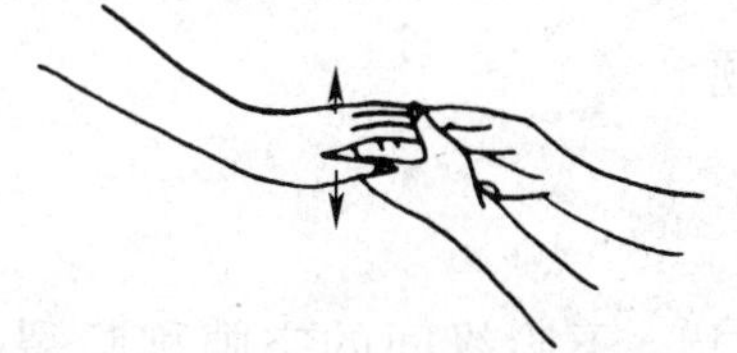

图 4—45　抖动活动手背各关节

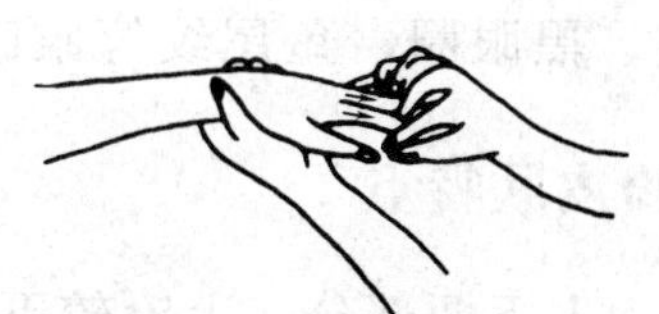

图 4—46　调整动作

（6）使用美白面膜。

（7）涂护手霜。

（8）如顾客提出要求，可继续为顾客修甲。

2. 手蜡护理方法

手蜡素有水晶膜之称，这是因为水晶蜡中含有丰富的维生素及皮肤所需要的营养素。通过手蜡机的保湿加热涂敷在手臂上，在皮肤表面形成一层保湿膜，可促进血液循环，加强皮肤对营养素的吸收，平缓皱纹，令皮肤神采焕发。

（1）物品准备　洗面奶、磨砂膏、按摩膏、手蜡、毛巾、保鲜膜、洗面海绵、

脸盆、温水、薄膜保护手套、毛巾手套。

（2）准备工作　将固体手蜡放入手蜡机并打开开关，预热。

（3）护理操作程序

1）脱掉手上所有饰物并彻底清洁。

2）擦干手部水分。

3）涂按摩膏按摩手臂。

4）将手浸入手蜡溶液中，形成一层蜡膜，重复浸 5 次，形成较厚的蜡膜。

5）套上薄膜保护手套。

6）套上毛巾手套或棉手套，另一只手用同样方法处理。

7）让蜡膜在手上释放热量，保持 15~20 分钟。

8）从手腕部开始，向下脱掉蜡膜。

9）涂上适量护手霜。

第五节　细部皮肤护理

一、眼睑皮肤护理

眼睑护理按摩通过一定的非医学手段，对顾客的眼睑皮肤进行外部保养，预防或缓解眼袋、黑眼圈、鱼尾纹等眼睑皮肤问题。

1. 眼睑皮肤特点

眼睑分为上下两部分，上睑较下睑宽大，上、下睑缘间的空隙称睑裂。眼睑皮肤比较薄，对外界刺激较敏感。皮下结缔组织薄而疏松，水分多，弹性较差，容易引起水肿。以眼轮匝肌和提上睑肌构成的眼部肌层薄而娇嫩，脂肪组织少，加之眼睑每天开合次数达一万次以上，故很容易引起肌肉紧张，弹性降低，出现眼袋、松弛、皱纹等现象。眼部周围皮肤皮脂腺和汗腺很少，水分很容易蒸发，皮肤容易干燥、衰老。

2. 常见眼睑皮肤问题

（1）眼袋　下睑皮肤、眶隔膜松弛，眶脂肪脱出，于睑下缘上方形成袋状膨大。眼袋有暂时性眼袋和永久性眼袋两种。暂时性眼袋可以通过一些护理手段得以改善，但如不及时治疗，会积累成永久性眼袋。

（2）黑眼圈　当眼周皮下静脉血管中的血液循环不良，导致眼周淤血或眼周

皮肤发生血色素滞留时，会使上、下睑皮肤颜色加深，出现黑色、褐色、褐红色或褐蓝色的阴影。

（3）鱼尾纹　在眼角外侧的皱褶线条称为鱼尾纹，由于其类似鱼尾鳍纹线，故称为鱼尾纹。

3. 眼睑护理基本方法

①准备工作—②消毒—③面部清洁—④使用爽肤水—⑤观察皮肤—⑥蒸面—⑦按摩（5~8 分钟）—⑧仪器护理或涂精华素—⑨敷眼膜。

● 特别提醒

（1）敷眼膜时应根据眼部肌肉走向，用眼膜刷在眼睛周围做环状涂抹，注意动作要轻柔。

（2）在眼部使用眼膜后，再使用眼部精华素，最后再盖上纱布或眼膜垫，促进吸收，时间为 10~15 分钟。

4. 眼部护理按摩手法

（1）鱼尾纹护理按摩手法

1）由外眼角沿下眼眶至鼻根绕眼周打小圈，并按压瞳子髎、乘泣穴、睛明穴，重复六次。

2）由鼻梁两侧沿下眼眶向两侧太阳穴打大圈，并用中指指腹按压太阳穴。

3）在眼角处以食指及中指做点弹按摩，时间为 30 秒。

4）以食指与中指点弹，从眉头至眉梢，再回眉头，重复 6 次。

5）从眼角处向睛明穴在眼肚部位作“∞”形滑动，来回 6 次。

6）提拉鱼尾纹。左手中指、无名指尽量分开，左眼鱼尾纹用右手，做沿下眼眶向睛明穴按压，再经鼻梁、右眼眶滑至右眼眶外眼角鱼尾纹处。换手，重复 6 次。

7）用四指压上眼眶轻轻往眼角拉滑。

8）以中指和无名指分别按压睛明穴，并向上下拉滑。拇指压太阳穴，用中指及无名指从睛明穴拉向眼角，重复 6 次。

9）左右手中指、无名指交替在右眼皮滑摩 3 次，再到左眼皮滑摩 3 次。

用中指和无名指分别放在左右眼上，颤动 6 次。

10）食指、中指、无名指放在左右眼尾轻轻按并滑摩至太阳穴。

（2）黑眼圈护理按摩手法和对鱼尾纹的护理按摩手法基本一致，但以按压打圈手法为主，促进血液循环。重点是对眼部穴位的按压，起到活血化淤的作用。

（3）眼袋护理按摩手法和同衰老皮肤的护理手法基本一致。

二、唇部皮肤护理

唇部皮肤护理是指通过一定的美容护理手段，保养唇部皮肤，保持红润健康的良好状态。

1. 唇部皮肤特点

有丰富的汗腺、皮脂腺和毛囊，为疖肿频发部位。

2. 唇部护理基本程序

（1）准备工作。

（2）美容师双手和用具消毒。

（3）清洁　先进行全脸清洁，再使用唇部专用卸妆产品清洁唇部，尤其是对于唇部褶纹较深的人，卸妆时，要充分清除掉褶纹里残留的唇膏。先将充分蘸湿卸妆液的棉片轻轻按压在唇上 5 分钟，再将双唇分为四区，从唇角往中间轻拭，褶纹里的残妆可用棉棒蘸取卸妆液仔细地清除。

（4）去角质　只有彻底清除干燥翘起的唇皮，双唇才会恢复光滑细腻的感觉。可选用适合唇部使用的去角质产品，在清除死皮的同时，又修复皮肤。注意，已经破损的皮肤不能进行去角质。

（5）敷唇　用热毛巾敷在唇部 3~5 分钟。

（6）按摩　用滴管在唇部滴上保养液进行按摩。按摩时，用食指和拇指捏住上唇，拇指不动，食指以画圈方式按摩上唇，注意动作轻柔；再用食指和拇指捏住下唇，食指不动，轻动拇指按摩下唇。然后，按相反方向有节奏地按摩上下唇，反复数次，可消除或减少嘴唇横向皱纹。最后轻拍嘴角部位，可减少嘴角纹。

（7）敷唇膜　在敷面膜的同时，贴上唇膜或涂上唇部修复精华液、维生素 E 进行护理，并用热毛巾或纱布敷 10 分钟，每周可做 1~2 次。

（8）清洗　擦去唇膜，用温水洗净。

（9）基本保养　涂上唇部保湿精华液或营养油等，供给唇部营养，最后再用柔和的面巾纸轻压唇部以收到双倍的效果。

思考·练习

在美容院里，经常会遇到一些由于清洁不当而引发的皮肤问题，比如暗疮性皮肤。在对皮肤做出正确诊断后，应采用相应的护理方法和步骤，以及合适的护肤治疗用品，对症下药。假如有一位暗疮性皮肤的顾客来到美容院做皮肤护理，你该如何为其进行服务？

第五章　美　体

知识目标

掌握肥胖的类型和成因，了解美容院常见的美体项目，明确脱毛方法的种类。

能力目标

能进行减肥和健胸护理按摩，能实践电眼睫毛、穿耳孔等项目的操作方法。

美体已成为现代美容主要的服务内容之一。美形主要是解决人体体形有缺陷或影响人体体表美观的问题，如：人体局部脂肪堆积过多、乳房下垂、体毛过重等。通过运用科学的方法和专业的护理技术、产品、仪器设施，对人体全身或局部进行的保养、减肥、健胸、塑身、脱毛等，以维持和改善人体形体、体表之美。同时对人体身心进行舒缓、放松，调节人体内部机能状况，进而达到全方位的美容护理功效。

第一节 美 形

美形是指人外在的体形所表现出来的美，它既体现了一种形态美，还体现了一种体表的美。在崇尚美的今天，形体美也是现代人的普遍追求。

一、美形项目

美容院提供的美形服务类型较多(见表5—1)，但减肥、健胸是基础和重点项目，减肥和健胸也是本节讲述的重点。

表5—1 美容院美形护理项目

护理项目	概念	护理疗程
减肥	减肥是指减去人体多余的脂肪，使人体更加健美	通常减肥护理每疗程12次，根据顾客情况，在2~3个月内完成。如果只需保持身材，一般每周一次，每次40 ~60分钟
局部塑身	局部塑身是指对人体局部或全身进行形体塑身，调整不良体形，使之更加匀称和谐	如是局部需要改善，则须要接受更密集的专业护理。体形分析后，制定护理方案，通常每疗程10次，每周2~3次。根据顾客情况，决定做几个疗程
美胸	美胸是指使用美胸产品、美胸仪器，并运用按摩手法对乳房进行刺激，加速血液循环，改善生理机能，重塑胸部曲线，使之变得匀称	一般每疗程10次，根据顾客情况，制定护理方案，决定做几个疗程。保养维护型间隔可长一些，治疗矫正型，须接受更密集的专业护理
SPA	SPA是一种健康美容新概念，是美容师利用天然温泉水、植物芳香精油、独特的按摩手法、海盐、天然花草茶等相关美容元素提供的一系列护理，以达到养颜、美化体形、舒缓压力、放松身心、治疗疾病、改善健康的一种美容疗法	一般每疗程10次，根据顾客情况，制定护理方案，决定做哪些疗法、几个疗程
综合性护理	综合性护理是指运用多种身体护理方式，再配合营养、运动进行调理控制，使不美的体形变美	通常根据顾客情况，制定护理方案，决定做哪些疗法、几个疗程
产后体形恢复	产后体形恢复是针对产后女性进行的特殊身体护理，包括体形恢复及去除妊娠纹等（必须经医生允许）	一般来说，产后6~8周接受专业护理最适宜。进行体形分析，制定护理方案，决定做哪些疗法、几个疗程

二、减肥

肥胖让人烦恼，使人穿衣失去美感，给行动带来不便；肥胖还容易引发多种疾病。因此，人们都希望拥有一个健康苗条的身材，那么减肥就自然成为人们追求美形的一种方式。专业美容院的减肥，除了第三章提到的采用仪器减肥以外，还可以用按摩的方法，达到减肥塑身的目的。

1. 肥胖

肥胖是指人体脂肪在体内过分地堆积，使得体内脂肪与体重的百分比增大，并引起机体代谢、生理变化。

人体脂肪容易积存的部位有头颈、背脊、乳房、腹部和臀部。但男性和女性又有所不同。男性肥胖后脂肪多积聚在头颈、背脊和腹部，女性肥胖后脂肪多积聚在乳房、腹部、臀部和大腿。

大多数肥胖症的发生与遗传、营养过剩、运动不足、内分泌失调、身患疾病等因素有密切关系。按其不同的形成原因，肥胖可分为几种类型，见表5—2。

表5—2　　按成因划分的肥胖类型

分类		成因	特点
单纯性肥胖	体质性肥胖	主要由于在发育期营养过剩、消耗少，脂肪积累过多，细胞体积较一般人肥大，多见于全身肥胖	出生后或半岁左右出现肥胖症状，饮食控制不易见效，带有家族倾向
	获得性肥胖	一是饮食无节制和营养过剩，促使体脂堆积，脂肪细胞肥大而发胖；二是运动不足、消耗少，导致多余脂肪消耗不掉；三是遗传基因的作用	一般在成年以后出现肥胖症状，局部或全身性肥胖比较常见
继发性肥胖		肥胖者为数不多，主要继发于一些疾病，如高血压、内分泌失调等	此种成因的肥胖者数量不多，主要为病理性肥胖
遗传性肥胖		肥胖症主要是遗传方面因素，也与饮食及生活习惯有关	父母肥胖者，子女肥胖的概率较大，同时，肥胖部位也具有遗传性

2. 体形分析

在减肥护理前，应先称体重、量尺寸，进行体形分析，以便后续确定减肥方案。

（1）体形分析的目的　护理之前，美容师必须先为操作对象做详细的体形分

析。这样可以制定正确的护理方案，提供适宜的护理方式，从而达到最佳的护理效果。

（2）体形分析的方法　专业美容机构主要采取手工测量的方式进行体形分析。内容主要包括：身高测量、体重测量、围度测量，具体方式见表 5—3。

表 5—3　手工测量的内容和方法

测量内容	测量方法	注意事项
身高测量	测量头顶点至地面的垂直距离	身高在一天内会有 1~3 厘米的变化，清晨起床后最高，傍晚时最矮
体重测量	用专业体重秤进行测量	注意对应标准体重
围度测量	1. 上胸围：通过左右腋窝后点的水平围长 2. 胸围：即经过乳头点的胸部水平围长 3. 下胸围：即经过胸下点的胸部水平围长 4. 最小腰围：在肋弓和髂嵴之间，腰部最细处的水平围长 5. 腰围：经脐部中心的水平围长 6. 腹围：经髂嵴点的腹部水平围长 7. 臀围：即臀部向后最突出部位的水平围长 8. 腋窝部位上臂围：上肢自然下垂时，在腋窝后点处测得的上臂围长 9. 大腿最大围：即在臀沟下沿部位，大腿部肌肉向内测量最突出的大腿水平围长 10. 小腿最大围：小腿腓肠肌最膨隆部位的小腿水平围长	人体共有 38 个测量点，在美形过程中主要应掌握其中的 10 个测量点

（3）检测计算方法

● 按区域划分

1）长江流域以北的“北方人”理想体重（千克）=［身高（厘米）−150］×0.6+50。

2）长江流域以南的“南方人”理想体重（千克）=［身高（厘米）−150］×0.6+48。

● 按超重比例划分

指数百分比 =（实际体重 − 理想体重）÷ 理想体重 ×100%，

1）指数百分比在 5% 以下的均为正常体重。

2）指数百分比在 5%~10% 为超重。

3）指数百分比在 10%~25% 为轻度肥胖。

4）指数百分比在 25%~40% 为中度肥胖。

5）指数百分比在 40% 以上为重度肥胖。

3. 减肥护理程序

（1）准备用品用具　准备按摩床、浴袍、一次性内衣、棉片、减肥仪器、身体清洁霜、保鲜膜、减肥膏（减肥精油）、体膜、减肥精华素、美体乳液。

（2）指导顾客换衣　美容师应指导顾客换穿美容院专用的一次性纸质内裤，并用毛巾将衣裤边缘包住。

（3）消毒　美容师对双手和仪器探头进行消毒。

（4）清洁　可用热毛巾清洁局部表层，也可让顾客全身沐浴，然后在减肥的部位用清洁霜清洁。

（5）按摩　具体按摩手法详见本节减肥护理按摩手法。

（6）使用仪器　在减肥部位施以振脂、负压、推脂、燃烧式，须根据体形分析结果进行选择。

（7）敷体膜　先用减肥膏打底，将体膜均匀涂抹于减肥部位，用保鲜膜用力平展地包裹于减肥部位 2~3 层，再用热毛巾或仪器加热，30~40 分钟后取膜，如有需要可进入太空舱接受红外线理疗。

（8）清洁　对敷体膜部位进行清洁。

（9）基本保养　涂美体乳液，保持皮肤滋润。

4. 减肥护理按摩手法

由于女性肥胖部位以腰腹部、大腿、背部居多，因此，本书以这些部位为重点介绍按摩减肥护理的手法。

（1）腹部的按摩

1）按抚腹部　站右位，双手五指并拢，全掌着力按抚肚脐下方，向上平推至两肋下，滑向腰两侧，下拉至髋关节，再回到小腹，如此反复 10~20 次（见图 5—1）。

2）推拉腰腹　站右位，双手交替由腰侧向肚脐推按，提拉腰线，另一侧，双手交替用掌根用力向肚脐推按（见图 5—2）。

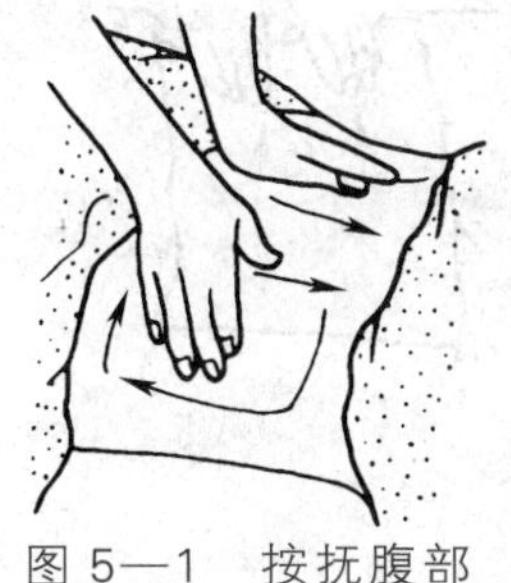

图 5—1　按抚腹部

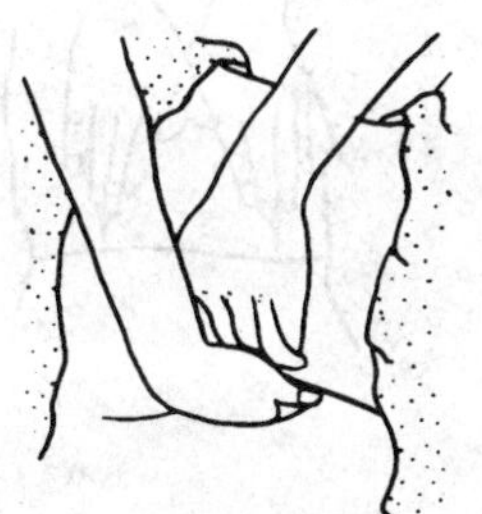

图 5—2　推拉腰腹

3）上提腰腹　双手同时滑到腰侧，双手四指翻下托住腰部，用爆发力抖腕向上提，双手放松并按原路返回，如此反复 8~10 次（见图 5—3）。

4）揉按腹部　双手重叠，自肚脐下方向右至髋关节，再向上经两肋滑至左侧髋关节，回到肚脐下方，环状由外围打大圈。打圈的范围向内层层缩小至肚脐中心并按压肚脐。然后反向做动作，由肚脐中心环状打圈，打圈的范围逐层扩大至整个腹部，反复 10~20 次（见图 5—4）。

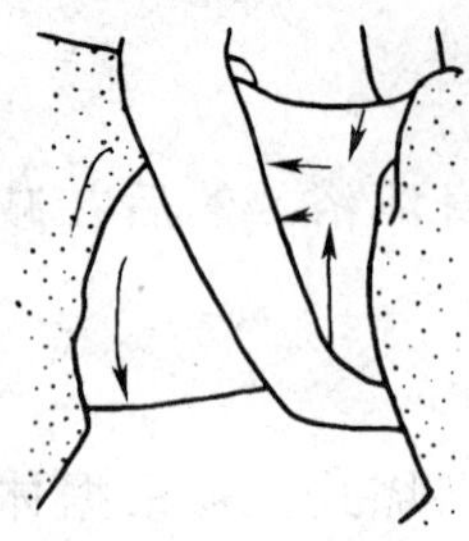

图 5—3　上提腰腹

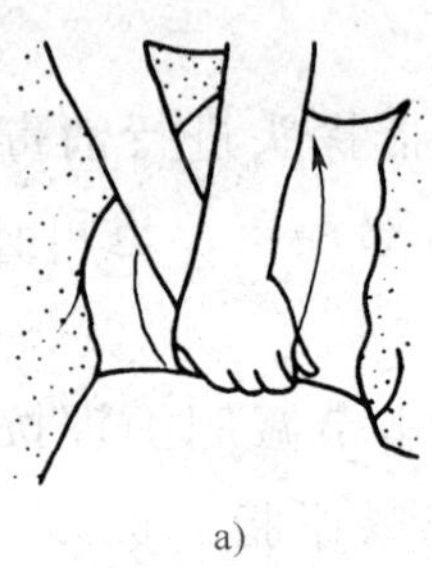

a)

b)

图 5—4　揉按腹部

5）掌根按压　单手平按腹部右侧，然后四指弯曲，掌根向下按压同时向前推进，一面下压，一面向前推，并顺时针从右向左绕打圈，如此反复 5~10 次（见图 5—5）。

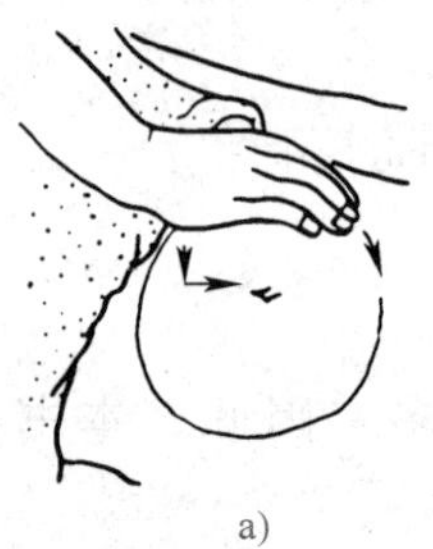

a)

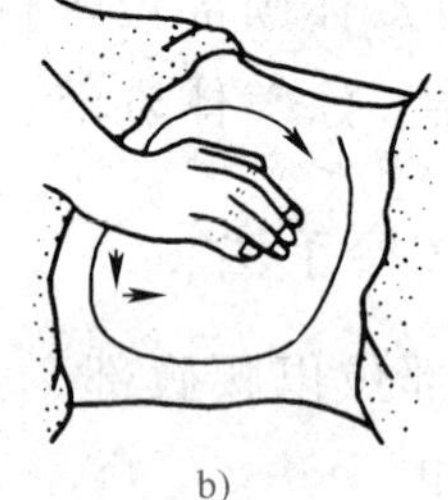

b)

图 5—5　掌根按压

6）双手推按　站右位，双手平掌，在腹部由右至左用力推按，再回到原位，如此反复，然后站左位，由左至右用力推按，如此左右反复 10~20 次（见图 5—6）。

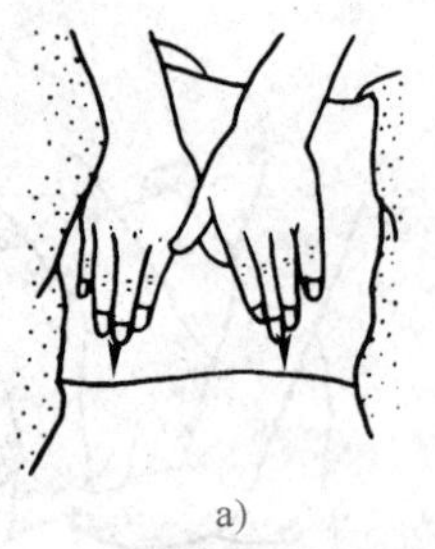

a)

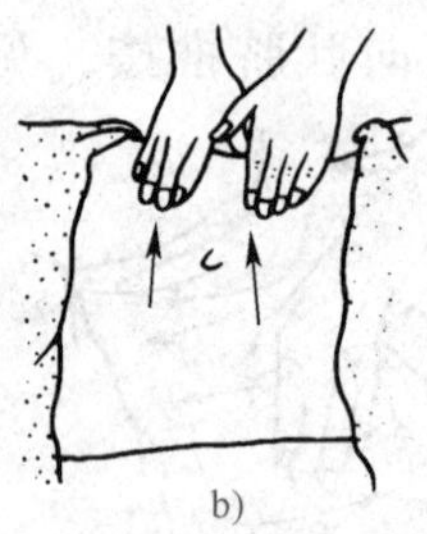

b)

图 5—6　双手推按

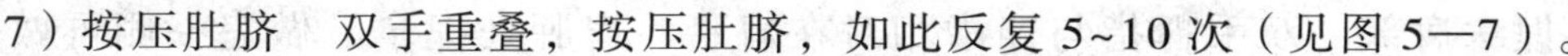
7）按压肚脐　双手重叠，按压肚脐，如此反复 5~10 次（见图 5—7）。

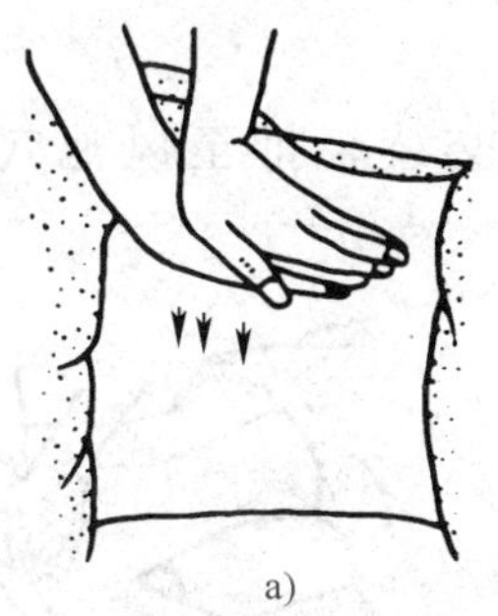
a)

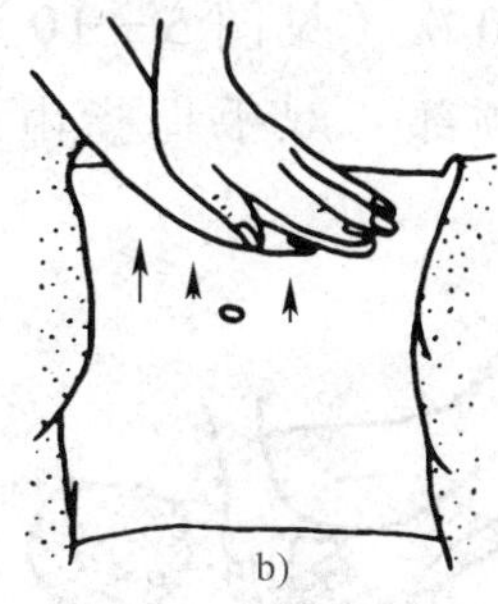
b)

图 5—7　按压肚脐

8）点按穴位　指端按压刺激脐周穴位——天枢、大横、下脘、气海、关元等。

9）结束按摩　重复腹部按摩 1），在腹部打大圈，放松力度、放缓速度，直至按摩结束。

（2）背部的按摩

1）平推背部　涂抹按摩油，侧位站立，先做整体按抚动作。双手全掌着力平抚于后背，经臀部平推至颈椎，然后沿肩胛骨按抚至两腋下向下滑至臀部，如此反复 8~10 次。用力由轻渐重（见图 5—8）。

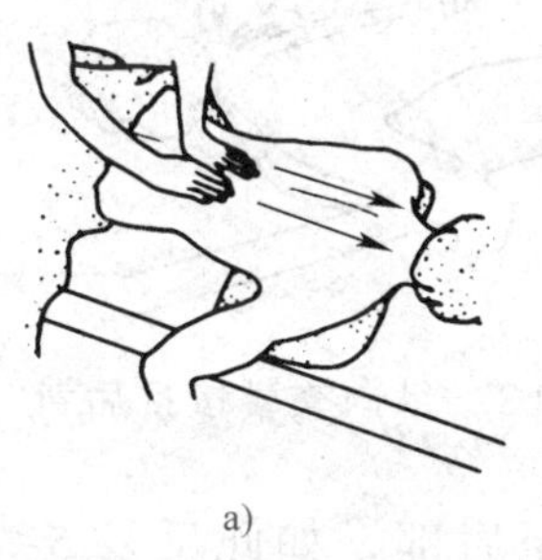
a)

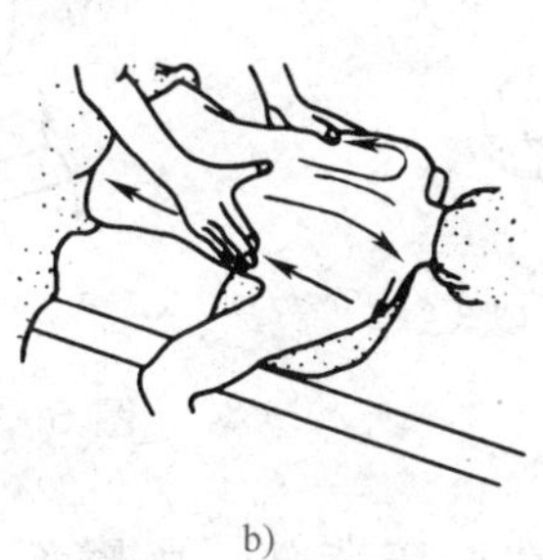
b)

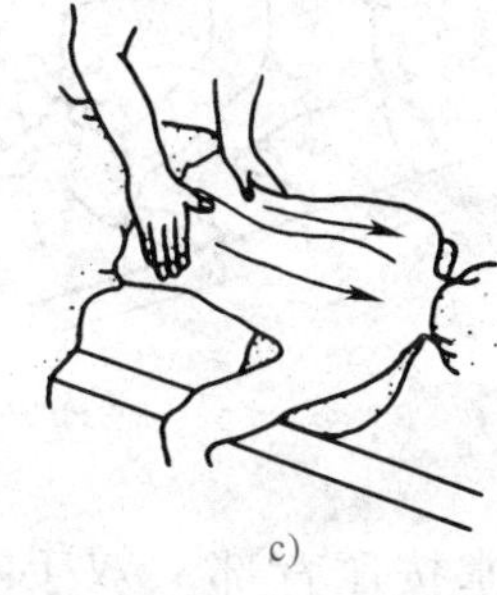
c)

图 5—8　平推背部

2）平推后背、搓揉肩部　双手掌置于臀部，沿脊椎两侧推至肩膀，揉捏，如此反复 8~10 次（见图 5—9）。

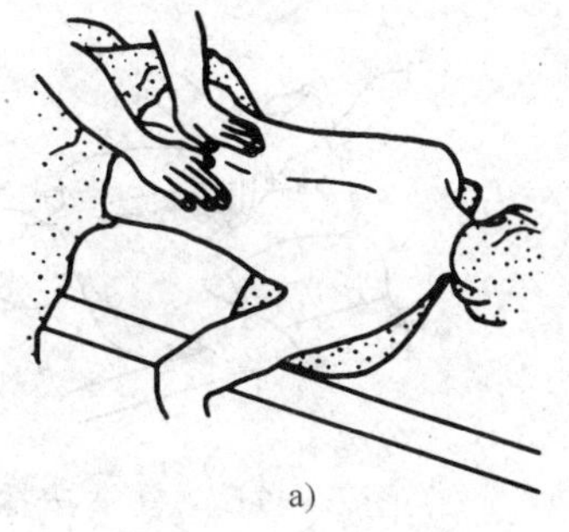
a)

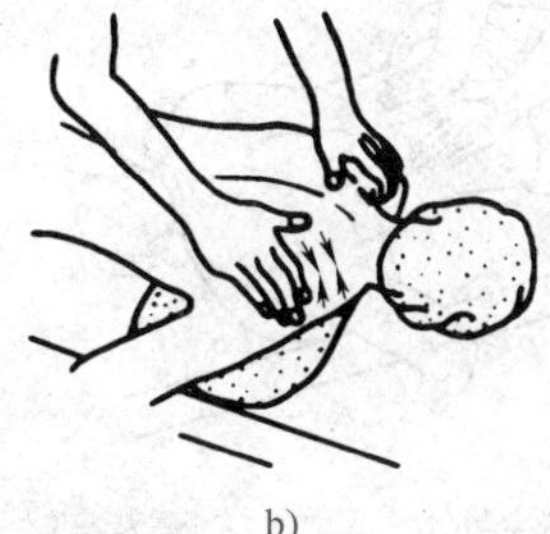
b)

图 5—9　平推后背、搓揉肩部

3）捏拿肩部　双手拇指与四指相对在肩膀、肩胛处捏拿。做完一侧再做另一侧，如此反复8~10次（见图5—10）。

4）交替轻推颈部　双手拇指由肩部向上交替轻推至风池穴，如此反复8~10次（见图5—11）。

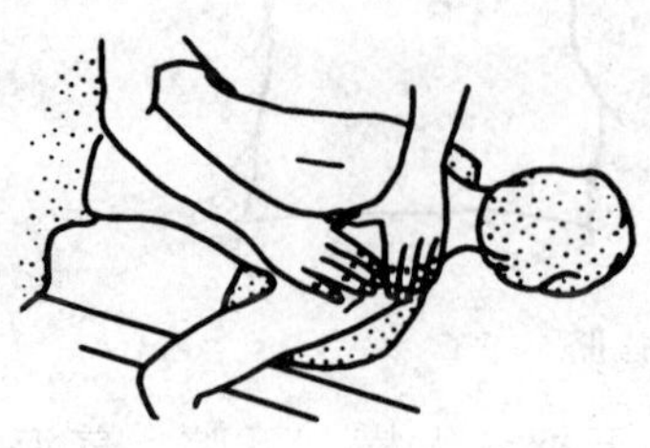
图5—10　捏拿肩部

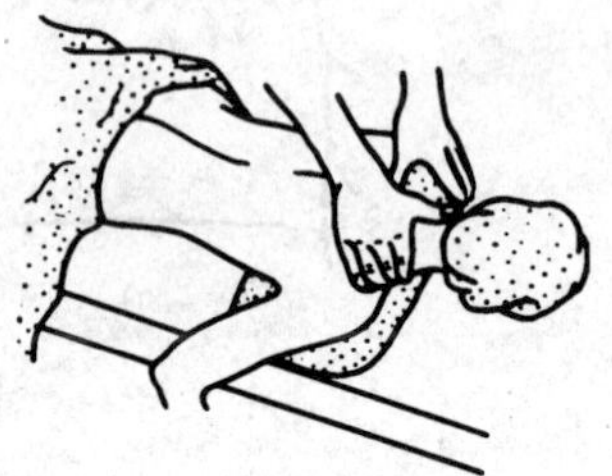
图5—11　交替轻推颈部

5）揉按颈部　双手拇指打圈按摩颈椎至风池穴，如此反复8~10次（见图5—12）。

6）纵向交替按抚后背　双手交替推按，由颈椎至尾椎。上下纵向按抚，如此反复10~20次（见图5—13）。

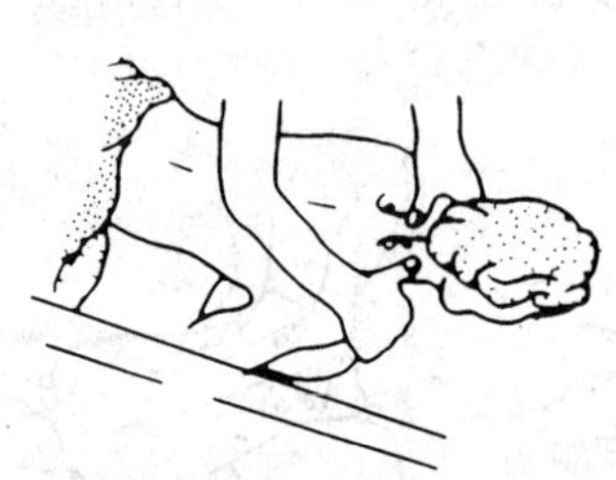
图5—12　揉按颈部

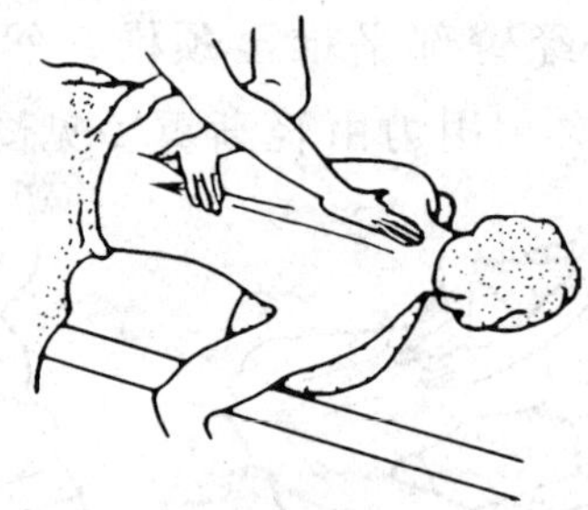
图5—13　纵向交替按抚后背

7）平掌按压背部　双手平掌按压背部，由臀部至肩部，如此反复5~10次（见图5—14）。

8）叠掌按揉　双手叠掌，按揉脊椎两侧的肌肉至臀部，如此反复10~20次（见图5—15）。

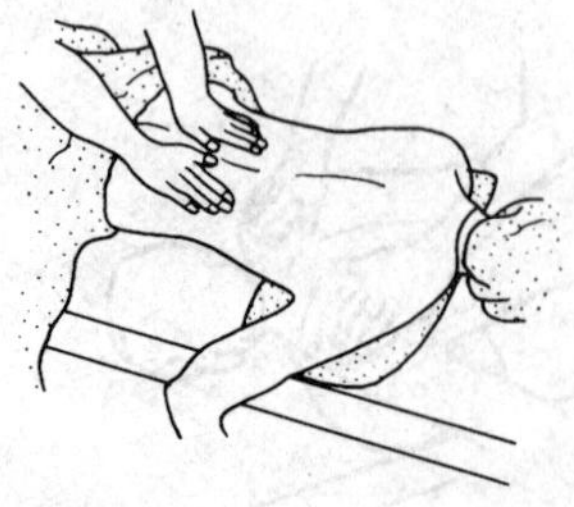
图5—14　平掌按压背部

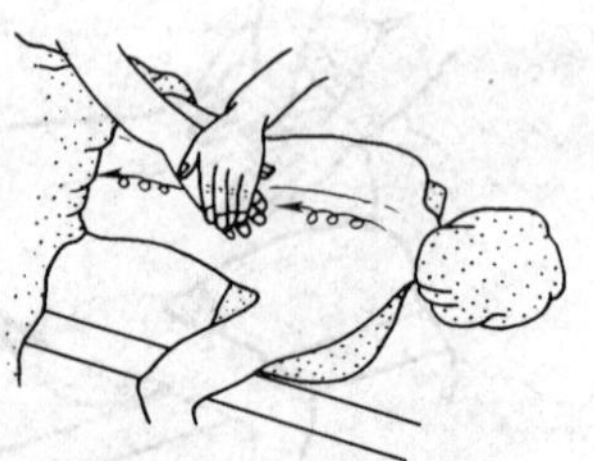
图5—15　叠掌按揉

9）抱拳按压　双手合抱呈半握拳状，从腰部至臀部按压，如此反复 5~10 次（见图 5—16）。

10）双手拇指揉按　双手拇指沿脊椎两侧打圈由下至上揉按，如此反复 5~10 次（见图 5—17）。

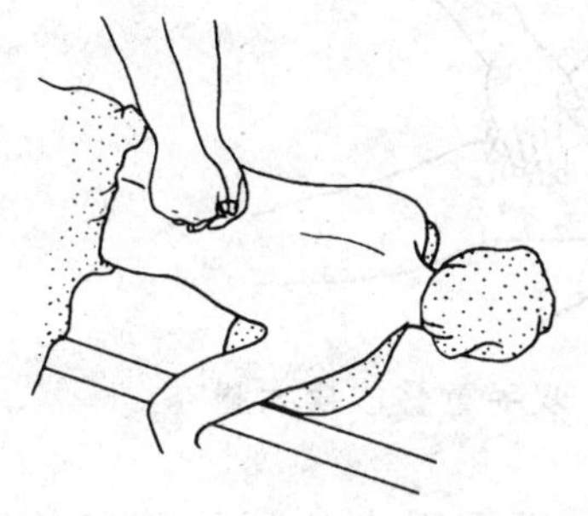

图 5—16　抱拳按压

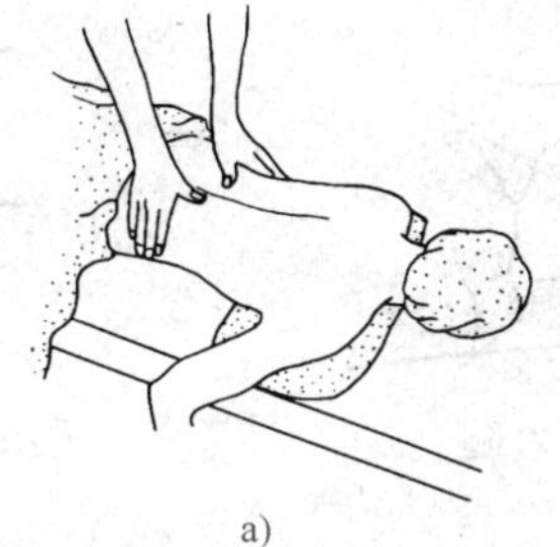

a)

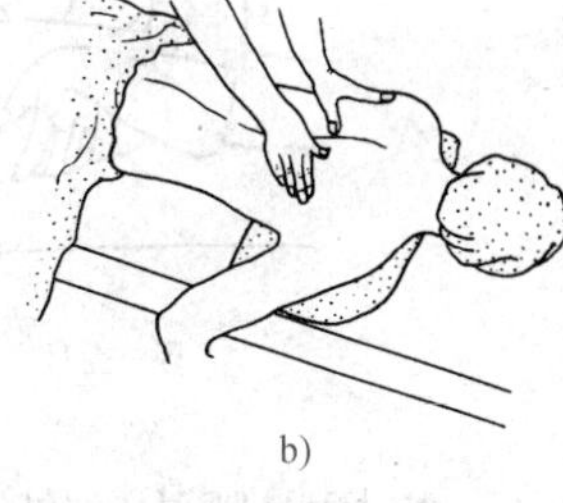

b)

图 5—17　双手拇指揉按

11）叩击背部　双手弯曲虚握拳，交替叩击背部、腰部、臀部，如此反复 5~10 次。可轻叩、切叩、重叩（见图 5—18）。

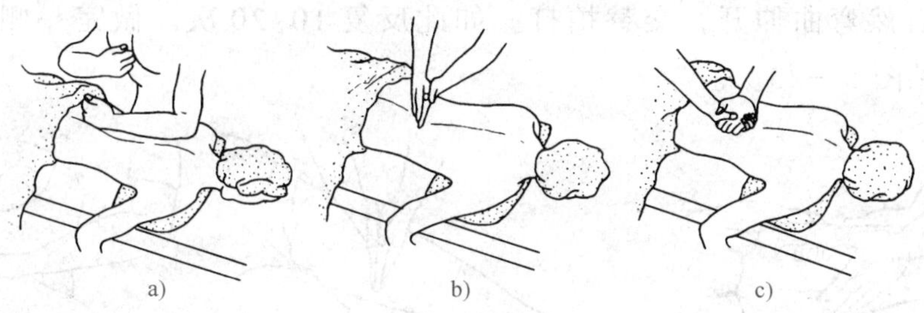

a)　b)　c)

图 5—18　叩击背部

（3）腿部的按摩

● 仰卧位腿部的按摩

1）掌推腿部　涂按摩油或精油，双手横位，轻抚整个腿部，先由膝盖向上平推至大腿根，然后两手分别从大腿内、外侧下滑抚向脚趾，如此反复 3~5 次（见图 5—19）。

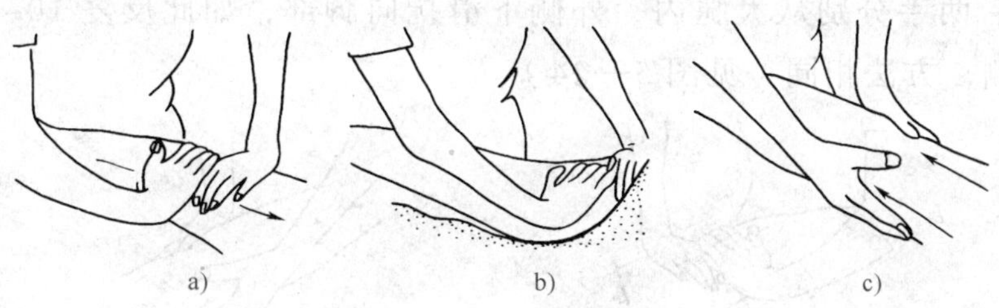

a)　b)　c)

图 5—19　掌推腿部

2）按揉大腿　双手掌由膝盖的内、外侧顺时针打圈，揉至大腿根，再拉回膝

盖处，如此反复 8~10 次（见图 5—20）。

3）双手重叠按揉大腿　双手重叠由膝盖上部开始，一边按压，一边打圈至大腿根部，然后按抚拉回，如此反复 10~20 次（见图 5—21）。

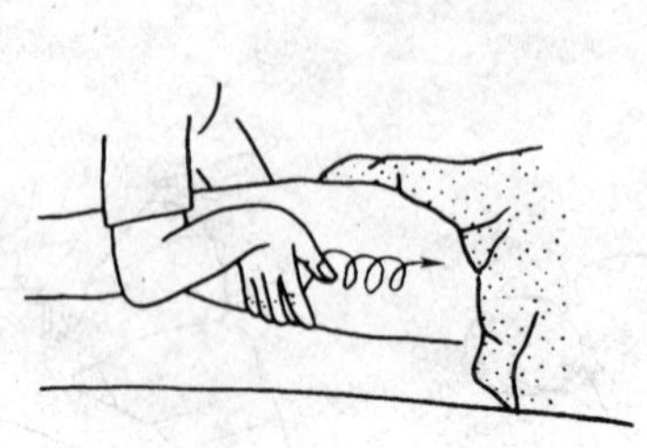
图 5—20　按揉大腿

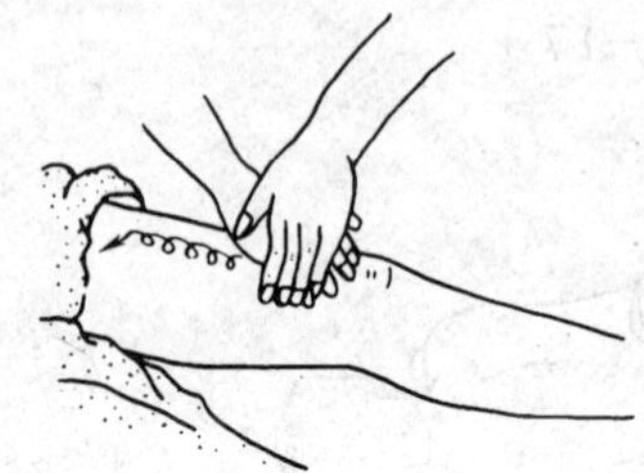
图 5—21　双手重叠按揉大腿

4）按揉大腿内、外侧　一只手稳定大腿肌肉，另一只手用小鱼际从膝盖外侧按揉大腿外侧肌肉至髋关节，然后复位。按摩完外侧，换手，再揉大腿内侧。如此反复各 10~20 次。按摩完一条腿，换站位，按摩另一条腿，方法相同（见图 5—22）。

5）叩击腿部　右侧位，双手合掌，手腕放松，快速抖腕瞬间交替叩击腿部，然后双手掌自然弯曲伸开，交替拍打。如此反复 10~20 次。做完一侧做另一侧，方法相同（见图 5—23）。

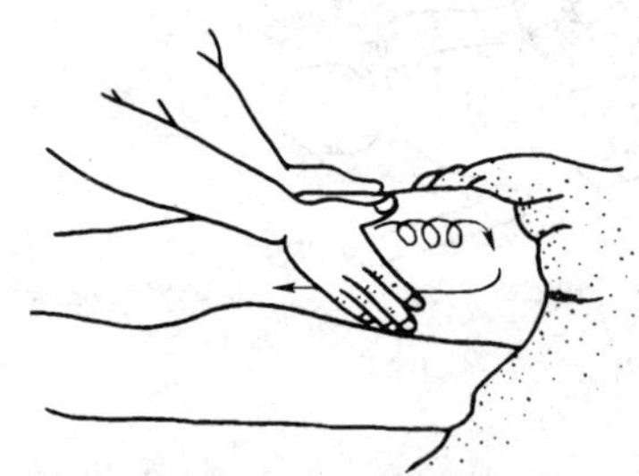
图 5—22　按揉大腿内、外侧

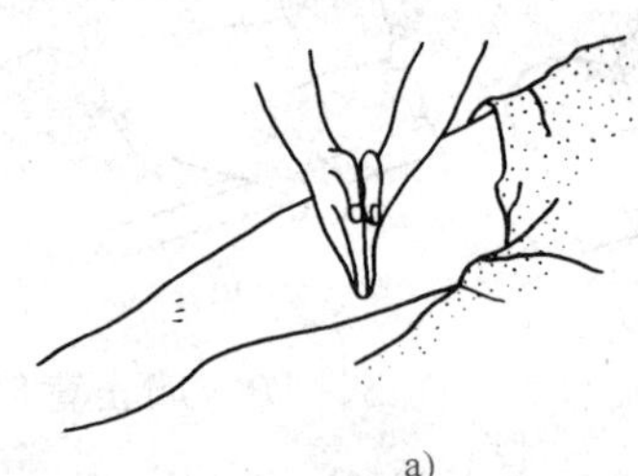
a)

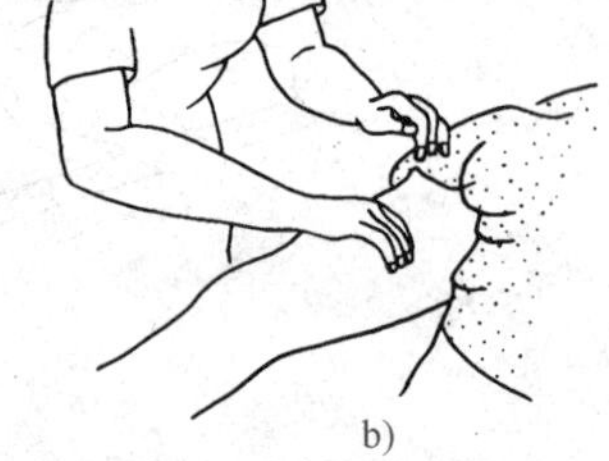
b)

图 5—23　叩击腿部

● 俯卧位腿部的按摩

1）掌推腿部　右侧位，双手横位，平掌轻抚整个腿部，先由腘部向上平推至大腿根，然后两手分别从大腿内、外侧下滑抚向脚部，如此反复 10~20 次。做完一侧做另一侧，方法相同（见图 5—24）。

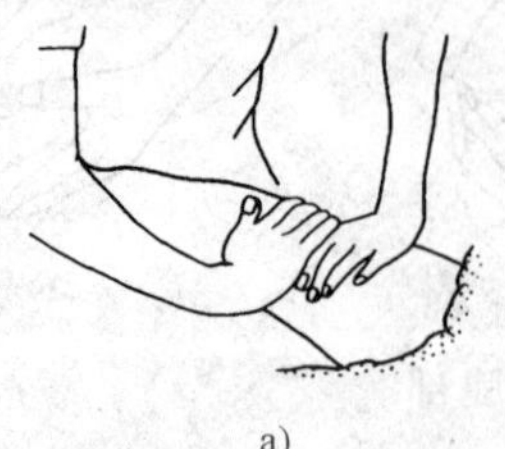
a)

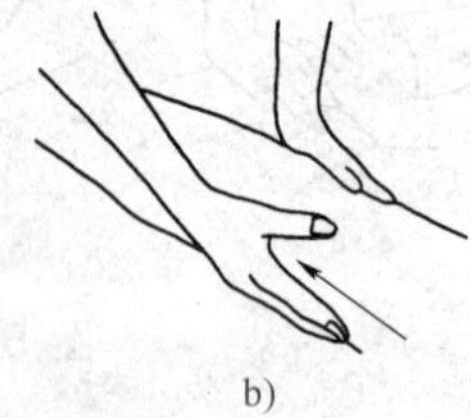
b)

图 5—24　掌推腿部

2）按揉大腿　双手掌由腘部内、外侧顺时针打圈至大腿根部，然后拉回至小腿，如此反复 10~20 次。做完一侧做另一侧，方法相同（见图 5—25）。

3）拿捏腿部　手竖位，双手虎口相对，五指弯曲，拇指与其余四指相对，手指与腿部肌肉接触时，将肌肉提起，稍拿即放，由腘部至大腿根部。如此反复 10~20 次。做完一侧做另一侧，方法相同（见图 5—26）。

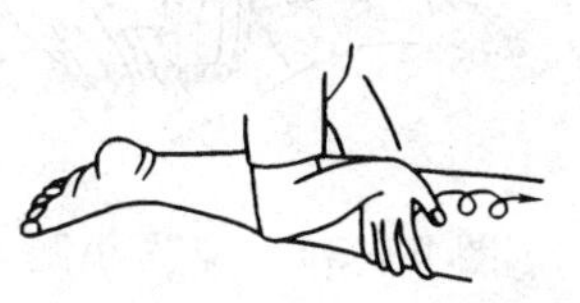

图 5—25　按揉大腿

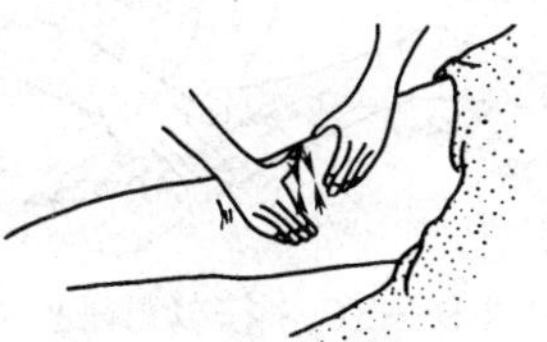

图 5—26　拿捏腿部

4）握拳揉按腿部　双手微握拳，用四指的第一关节顶压按揉脂肪厚实的地方，自上而下，打圈揉按。如此反复 10~20 次。做完一侧做另一侧，方法相同（见图 5—27）。

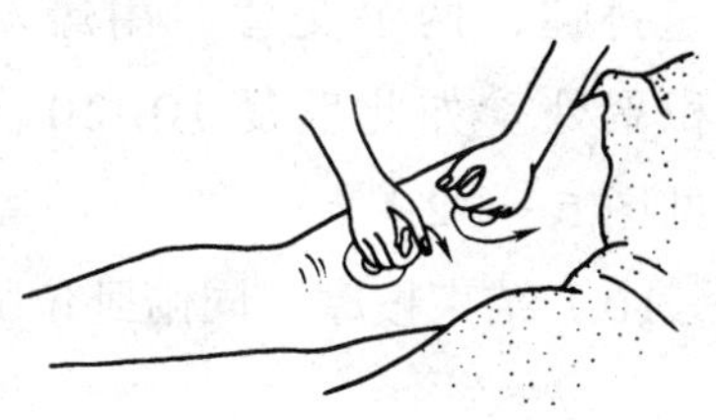

图 5—27　握拳揉按腿部

5）叩击腿部　右侧位，双手拍打、握拳叩打、合掌叩打腿部，可交替叩打。如此反复 10~20 次。做完一侧做另一侧，方法相同（见图 5—28）。

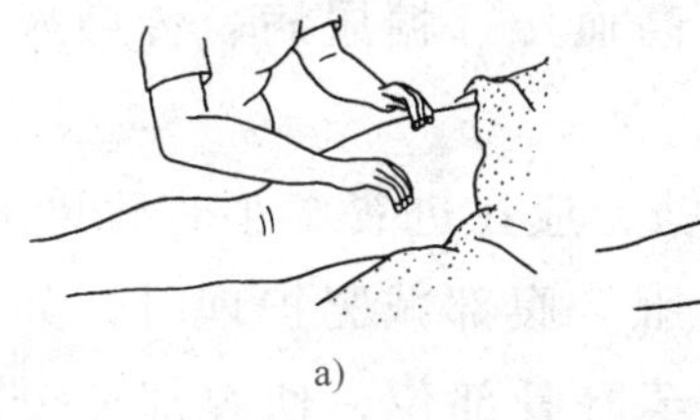

a)

b)

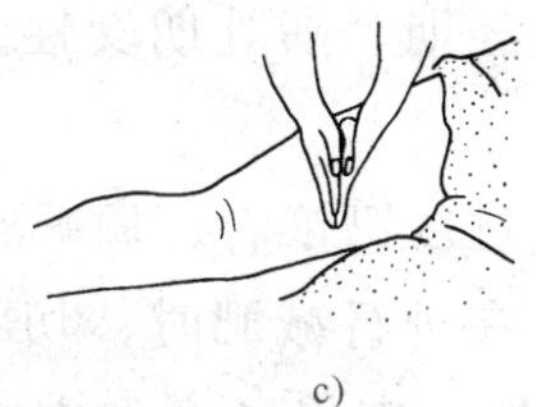

c)

图 5—28　叩击腿部

6）按抚腿部　由脚踝至腘部平推按摩。如此反复 10~20 次。做完一侧做另一侧，方法相同（见图 5—29）。

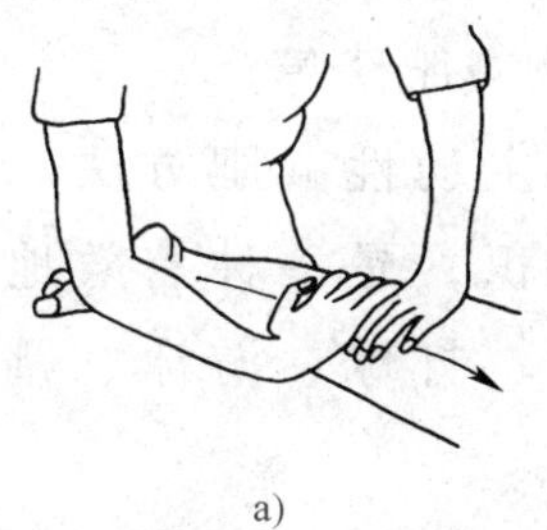

a)

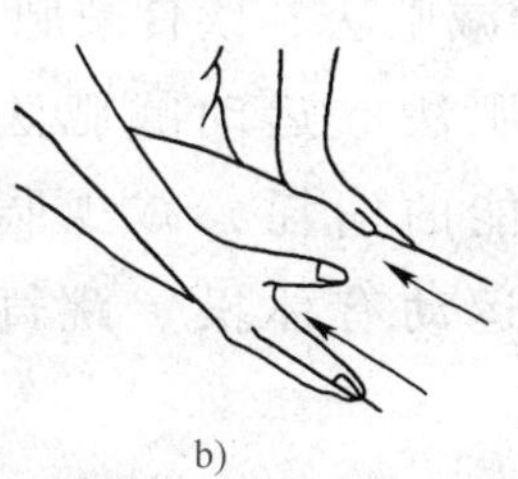

b)

图 5—29　按抚腿部

7）按揉小腿　双手重叠按揉小腿。如此反复 10~20 次。做完一侧做另一侧，方法相同（见图 5—30）。

8）拿捏小腿　双手五指弯曲，呈“钳”状，拿捏小腿肌肉。如此反复 10~20 次。做完一侧做另一侧，方法相同（见图 5—31）。

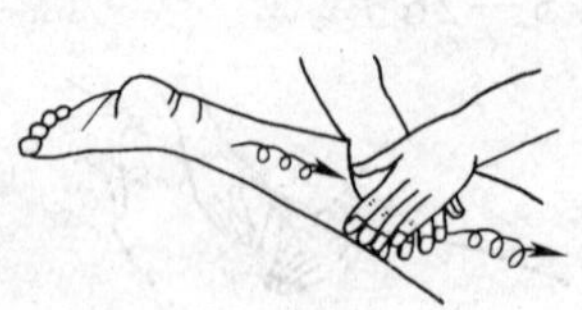
图 5—30　按揉小腿

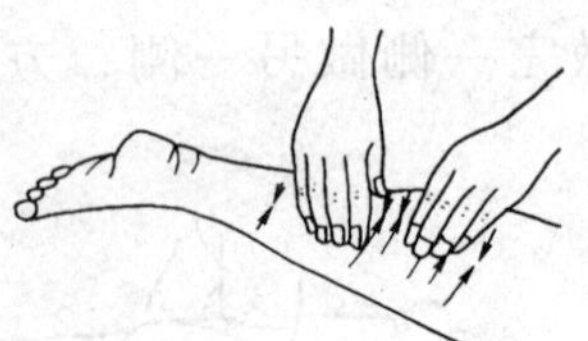
图 5—31　拿捏小腿

9）叩敲腿部　左侧或右侧位，双手合掌，腕部放松，迅速抖腕，两手交替，用爆发力叩击小腿部的肌肉群或脂肪积聚处。如此反复 10~20 次，再换另一条腿，方法相同（见图 5—32）。

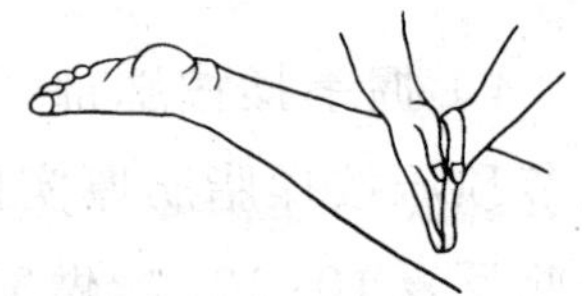
图 5—32　叩敲腿部

10）结束按摩　同俯卧位腿部的按摩 1），轻揉至结束。

5. 减肥护理注意事项

（1）减肥护理环境应给顾客安全感。

（2）经期、哺乳期女性，严重心血管病、高血压、糖尿病、传染病患者忌做减肥护理。

（3）过度饥饿者，做减肥护理易引起低血糖，应在进餐 2 小时后再进行。

（4）在进行减肥时，切不可将顾客衣裤弄脏。腹部减肥护理时，如顾客未换一次性内裤，应将顾客上衣推至肋上，裤子脱至耻骨部位，使腹部充分露出，便于操作。

6. 常见减肥方法

除在美容院实施减肥护理外，还可以建议顾客在日常生活中通过其他方式减肥，常见的有运动减肥法、饮食减肥法、药物减肥法等。

（1）运动减肥法　运动减肥法是一种主动性减肥方法。每天坚持一定的运动量，增加热能的消耗，减少脂肪的堆积，是一种有效地减肥方法。常用于运动减肥法的运动有体操、跳舞、跑步、打球、游泳、跳绳、爬山、健美操等。

（2）饮食减肥法　当摄取的食物转变为热量（合成代谢）大于消耗的热量（分解代谢）时，脂肪积蓄，就会出现肥胖现象。通过调节饮食控制摄入的热量，减

少脂肪堆积，不失为一种有效的减肥方法。如图 5—33 所示为食物金字塔，可以作为健康饮食的日常参考。

图 5—33　食物金字塔

（3）药物减肥法　大部分减肥药物都有一定的副作用，所以药物减肥塑身法不是减肥的首选方法，应在其他方法疗效不佳或无效的情况下，并在医生的指导下合理使用。常用的减肥药物有以下几类。

1）抵制食欲的药物。

2）增加水分排出量的药物。

3）增加胃肠蠕动、加速排泄的药物。

4）增加热量消耗的药物。

（4）沐浴减肥塑身法　沐浴可以消耗体内的热能，排出大量的汗液，这是一种简单方便的方法。通常运用温泉减肥法、桑拿减肥法、蒸汽浴减肥法等，此法还有保健的作用。但有心脏病、高血压、呼吸系统等疾病的人，最好不要采用这种方法。

三、健胸

健胸是现代美容行业中的一项重要服务项目，健胸分为两种，一种为医学美容健胸，一种为生活健胸。医学美容健胸是利用药物或手术来改善乳房发育不全；而美容院中的健胸服务主要是运用按摩手段和美容仪器对女性乳房进行的保健护理（可称物理疗法），通过护理使女性乳房更具美感。

1. 乳房基础知识

女性乳房既是一个功能器官，又是女性形体美的重要标志，丰满而富有弹性的乳房展示着女性的独特魅力。

（1）乳房的健美标准　不同的时代与种族，因为审美观念的不同，对女性乳房的健美有着不同的衡量标准。但是，大体标准是指女性乳房结实且富有弹性，发育良好，大小适中，左右对称，形状丰满，挺拔不下垂，皮肤细腻柔滑。健胸的目的就在于改善乳房的不佳形态，使之具有女性的美感。

（2）乳房的位置及结构　女性乳房为哺乳器官，也是第二性器官。乳房多为半球形或圆锥形位于胸前左右第二至第六根肋骨的大小胸肌上面。乳头位于第三

至第四根肋骨之间，其顶端有输乳孔，乳头周围色素较深的环状区称为乳晕，乳晕区有许多小圆锥突起为乳晕腺，女性乳房是由皮肤、乳腺、乳房的筋膜与韧带、乳头和乳晕构成的，如图 5—34 所示。正常情况下，双侧乳房的外形与大小是对称的。

乳房的下皱壁处，皮肤与肋骨骨膜间存在一个囊状纤维组织结构，被称为“乳房下皱壁韧带”，乳房的内部支持结构主要为乳房下皱壁韧带。该韧带具有阻止乳房整体下垂，保持乳房形状的功能。

（3）乳房的形状　通常乳房的外形有圆盘形、半球形、圆锥形、下垂形等（见图 5—35）。

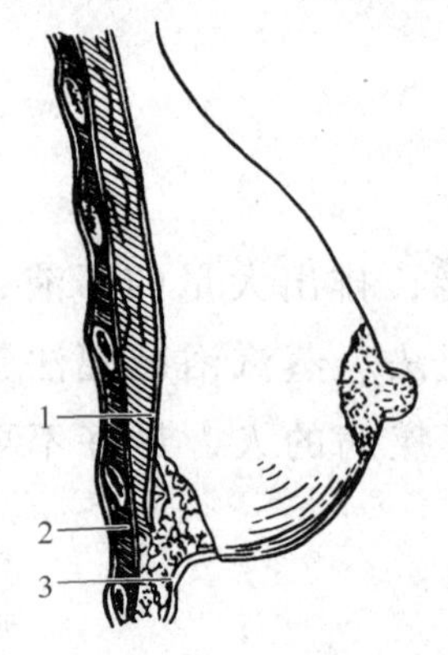

图 5—34　乳房的结构

1—胸肌筋膜　2—乳房下皱壁韧带

3—乳房下皱壁

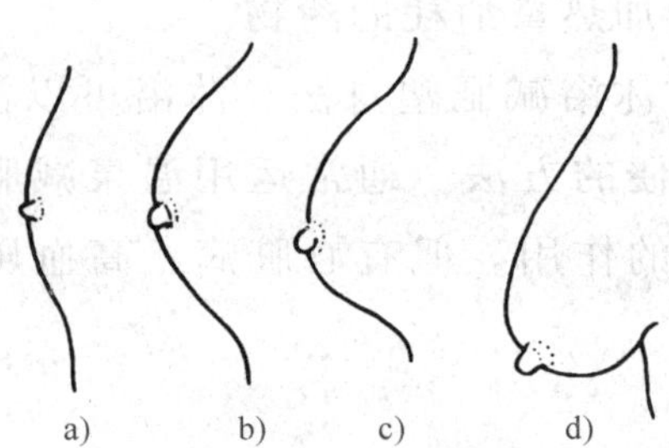

图 5—35　乳房形状

a）圆盘形　b）半球形

c）圆锥形　d）下垂形

（4）乳房缺陷与护理　每个女性都十分重视自己的乳房健美，但在异常情况下，可以见到各种乳房畸形，如乳房发育不良、乳房下垂等。乳房发育不良的主要症状为乳房较小，胸部扁平；乳房不对称，一边发育充分，一边较小；乳头内陷，不能突出；乳房发育过大等。

2. 健胸护理程序

①准备工作—②清洁胸部皮肤—③喷雾仪护理—④去角质—⑤应用健胸精华素—⑥使用健胸仪器护理 15 分钟—⑦人工健胸按摩（具体手法详见健胸护理按摩手法）—⑧胸膜护理，用微湿的棉片盖住乳头后，开始涂胸膜—⑨卸膜，涂健胸精华素或乳液。

● 特别提醒

健胸护理的准备工作主要包括用品准备、用具准备、仪器准备三个方面。

（1）用品准备：清洁乳、去死皮液（膏）、健胸膏（液）、健胸精华素、胸膜、乳液等。

（2）用具准备：洗脸盆、毛巾、浴巾、湿棉片、消毒巾、棉棒、面膜碗。

（3）仪器准备：喷雾仪、健胸仪。

3. 健胸护理按摩手法

（1）按抚提托双乳　运用按抚法，涂按摩油或精油，双手五指并拢，指尖向下，从锁骨下方沿双乳内侧向下推至胸口。然后以指尖为轴心，双手分别向双乳外侧滑动，并向内上方用力提托双乳，最后双手拉至颈部两侧的锁骨处。如此反复30次（见图5—36）。

（2）双手交替按摩　双手五指并拢，双手掌由乳房内侧向外侧交替转圈，做完一侧再做另一侧。如此反复30次（见图5—37）。

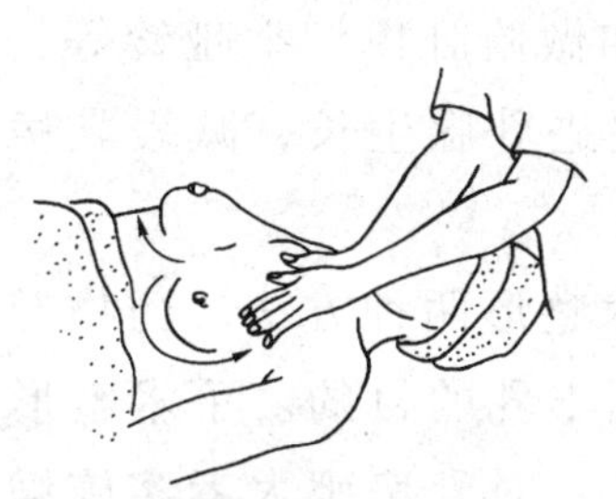

图5—36　按抚提托双乳

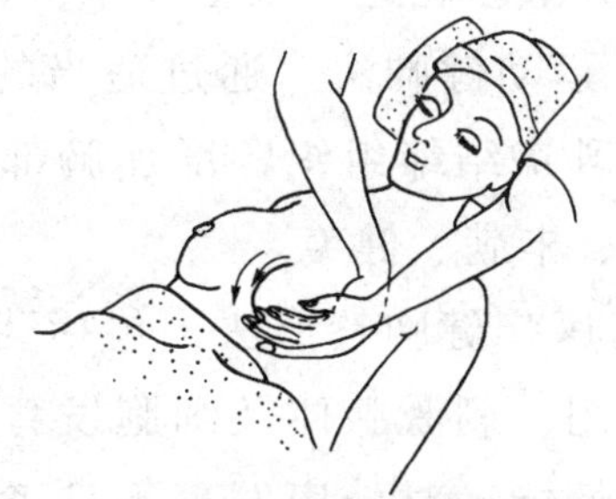

图5—37　双手交替按摩

（3）提托点按　双手五指并拢，手掌从锁骨下方沿双乳内侧向下推至胸口，然后以指尖为轴心，双手分别向双乳外侧滑动，并向内上方用力提托双乳，返回胸部上端时用大拇指点按屋翳穴3下，如此反复30次（见图5—38）。

（4）弹拍乳房　双手五指并拢，在乳房的外下侧向内上侧交替弹拍、提托乳房。做完一侧再做另一侧。如此反复30次（见图5—39）。

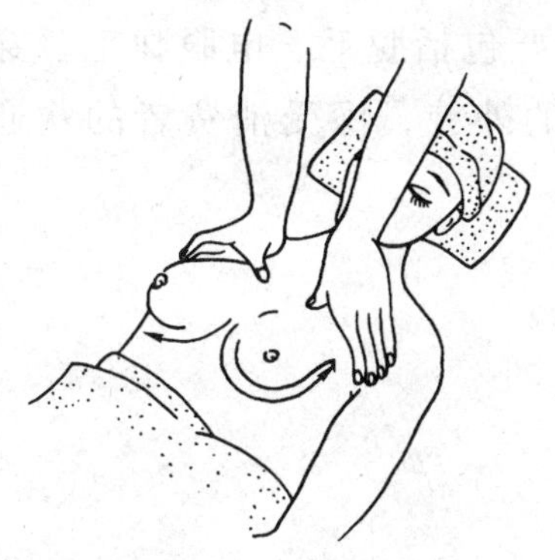

图5—38　提托点按

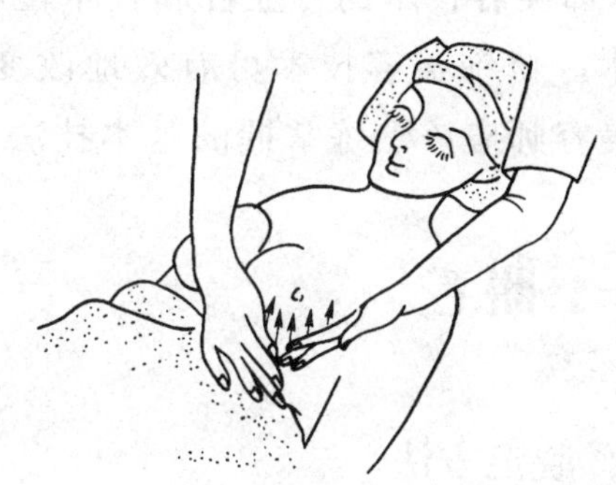

图5—39　弹拍乳房

（5）按摩结束　同健胸护理按摩手法（1），运用按抚手法结束。

4. 健胸护理注意事项

（1）护理时间　每 2~3 天护理 1 次，10 次为 1 个疗程。

（2）胸部测量　在护理前后要为顾客做胸部测量。

（3）护理环境　环境要给顾客以安全感。

（4）怀孕或哺乳期的女性，胸部皮肤有炎症、湿疹、溃疡等症状的女性，患有乳房疾病的女性，处于经期的女性，患有严重高血压及心血管疾病的女性不能做健胸护理。

5. 常见健胸方法

要想取得良好的健胸效果，仅靠美容院的健胸护理是不够的，还应坚持自我保养，双管齐下才能达到最佳效果。

（1）运动健胸法　通过适当的胸部运动，如做俯卧撑、举哑铃等，扩展、强健胸肌和乳房结缔组织，增加胸部血液循环，促进乳腺生长，减缓乳房萎缩，使乳房突出、丰满、健美。

（2）医疗健胸整形法　包括药物健胸和手术整形两种方法。药物健胸是通过药物的作用，刺激腺体及细胞发育增长，以达到丰乳的目的。手术整形是运用硅胶独特的性能，对乳房发育不良者实施隆胸手术，对乳房肥大者实施缩乳手术，从而达到乳房的健美标准。

（3）自我按摩　运用正确的手法进行胸部按摩，也能起到健胸的作用。

此外，胸部保养的同时还要再配以合理的营养饮食，可加强健胸效果。

第二节　修饰美容

修饰美容技术的专业性和技术性相对较强，主要包括脱毛、电眼睫毛、穿耳孔等技术。修饰美容技术可有效地改变和美化人们的外貌，深受消费者的欢迎，是一名美容师应该熟练掌握的基本技法。

一、脱毛

1. 脱毛方法

人体的毛发过长或过于浓密会影响美观，特别是女性裸露浓密的体毛，在特定

的场合下会被认为是不文明的行为。要解决体毛过于浓密的问题，可利用一些技术手段进行脱毛。脱毛方法如图 5—40 所示。

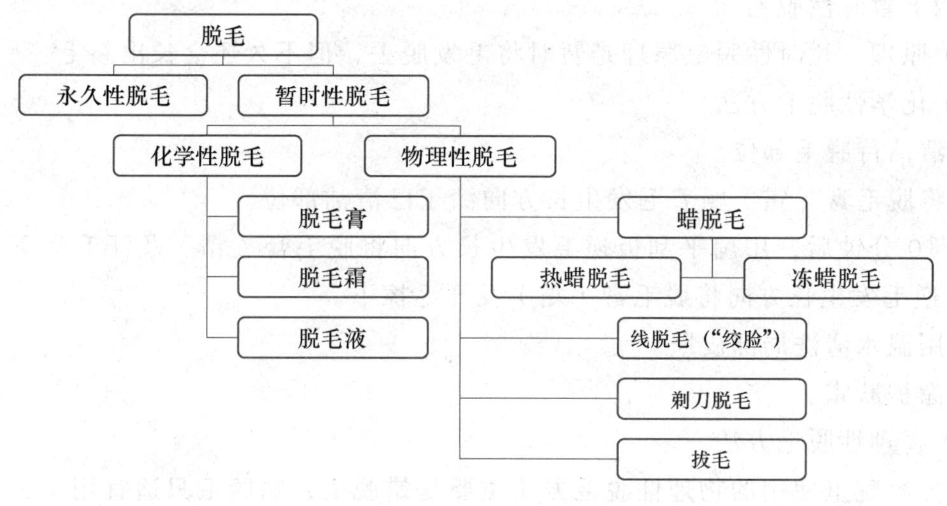

图 5—40　脱毛方法

2. 脱毛方法应用

（1）永久性脱毛

1）原理　永久性脱毛是利用脱毛机将毛发拔除，破坏毛囊与毛乳头，使毛发不能再生，以达到永久性脱毛的效果。

2）主要用品用具　美容脱毛机、洗面奶、75% 浓度的酒精、棉球、棉签、消炎膏等。

3）具体步骤

①将脱毛部位彻底清洁。

②按说明书使用脱毛机，时间设定为 5 秒。

③用输电钳将要脱毛发一根根夹住。

④接通电源，打开开关。

⑤通电 5 秒钟后，仪器自动发出报警声，即可拔出毛发。

⑥将拔毛部位薄涂消炎膏。

这种脱毛方法无痛苦，不损伤周围皮肤，多次使用可使毛囊受损而失去再生能力，达到永久性脱毛的目的。永久性脱毛的方法常用于脱去腋毛、倒长的睫毛、杂乱生长的眉毛等。

4）注意事项

①操作认真细致，将脱毛部位的每一根都夹住。

②根据仪器使用说明，严格掌握操作规程和拔毛时间的长短。

③切不可忽视脱毛局部的清洁、消毒及薄涂消炎膏。

（2）暂时性脱毛

1）原理　暂时性脱毛原理是暂时将毛发脱去，但不久还会长出新毛。

2）化学性脱毛方法

①清洁待脱毛部位。

②将脱毛膏（霜）顺着毛发生长方向涂于已清洁部位。

③ 10 分钟后，用扁平刮板逆毛发生长方向将脱毛膏（霜）及汗毛刮下，或用湿棉片逆毛发生长方向将脱毛膏（霜）及汗毛擦下。

④用温水清洗局部皮肤。

⑤涂护肤霜。

3）物理性脱毛方法

在美容院里使用的物理性脱毛方法主要是蜡脱毛，蜡脱毛只适宜用来脱四肢的体毛。无论使用冻蜡还是热蜡，所需要的用品均为剪刀、脱毛蜡、扁平刮板、纤维纸、爽身粉、粉扑。具体脱毛方法以腿部脱毛为例进行说明。

● 冻蜡腿部脱毛

冻腊为多种树脂，黏着性强，可溶于水，呈胶状。使用时无须加热，可直接使用。

①清洁消毒脱毛部位皮肤。

②在脱毛部位擦爽身粉，吸取油脂，起到隔离、缓解疼痛、保护皮肤等作用。

③用刮板取出少量脱毛蜡，与皮肤约成 45 度角，顺着毛发生长的方向涂抹均匀（见图 5—41）。

④将纤维纸平铺于蜡面上，并轻轻按压，使纤维纸、脱毛蜡与皮肤粘紧（见图 5—42）。

⑤按住皮肤，另一手执纤维纸边缘，逆毛孔方向迅速揭下（见图 5—43）。

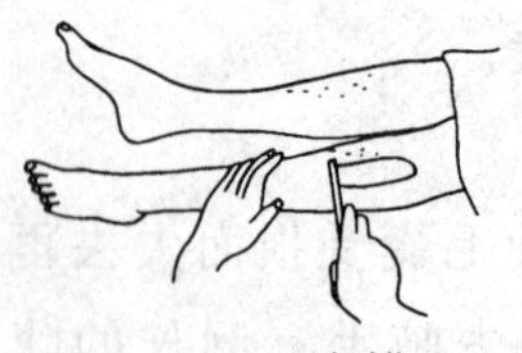

图 5—41　涂蜡

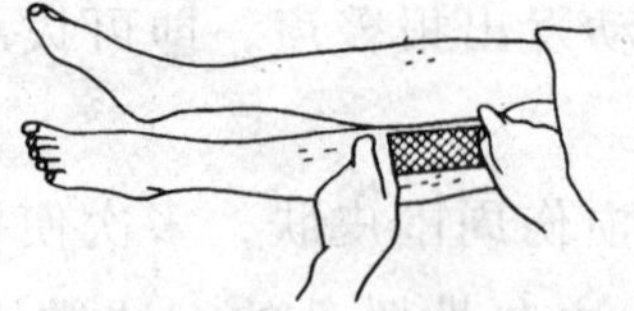

图 5—42　铺纤维纸

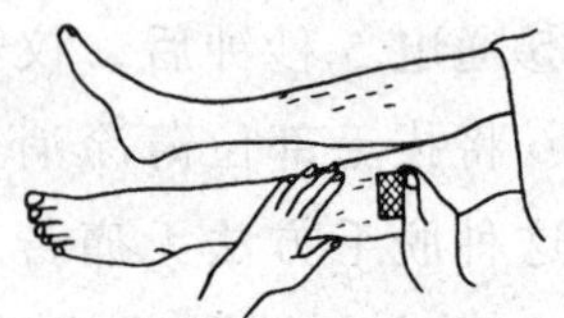

图 5—43　揭纤维纸

⑥将脱毛部位清洗干净，涂护肤霜。

● 热蜡腿部脱毛

热蜡的主要成分为蜂蜡与树脂混合而成。一般呈固体状。

①用热蜡脱毛机（见图5—44）将蜡块加热融化成糊状。

②在脱毛部位擦爽身粉，吸取油脂，起到隔离、缓解疼痛、保护皮肤等作用。

③待蜡降到适宜的温度时，将蜡顺着毛发生长的方向涂抹均匀。

④将纤维纸平铺于蜡面上，并轻轻按压，使纤维纸、脱毛蜡与皮肤粘紧。

⑤按住皮肤，另一手执纤维纸边缘，逆毛孔方向迅速揭下。

图5—44　热蜡脱毛机

⑥将脱毛部位清洗干净，涂护肤霜。

4）注意事项

● 化学性脱毛注意事项

①化学脱毛剂对皮肤刺激性较大，过敏性皮肤不宜使用。

②不同的脱毛膏（霜）的效力强度不同，所以涂在皮肤上等待的时间也不同，在使用前注意先看说明。

③化学脱毛剂对皮肤的刺激性较大，长时间附着于皮肤会伤害皮肤，故不要过长时间附着于皮肤上，应及时彻底清洗。

④一般情况下化学脱毛剂脱毛仅适用于脱细小的绒毛。美容院很少使用。

● 物理性脱毛注意事项

①涂脱毛蜡一定要顺着毛发生长的方向，揭纸时要逆毛发生长的方向。

②揭纤维纸时动作要快，否则会有痛感。

③脱毛要彻底，脱毛部位不能有残留毛发。

④使用热蜡时，温度不要过高，要先在手背上试一下温度再涂抹。

⑤涂热蜡时，动作要快，不要因蜡冷却凝固而影响脱毛效果。

（3）特殊部位脱毛

1）脱腋毛　因为人体腋下神经丰富而敏感，一般采用冷蜡脱毛。脱毛时采取平躺姿势，胳膊抬起伸向头侧，小臂弯曲枕在头下，这样可使腋下皮肤平展、紧绷。脱毛方法与四肢相同，但脱腋毛时要注意以下两点：

①脱腋毛前，要先将腋毛剪短至约1厘米，太长或太短都会影响脱毛效果。

②腋下皮肤比较敏感，每一次脱毛面积要小，可进行多次，直至脱净为止。

2）脱唇毛　脱唇毛的方法与四肢相同（见图5—45），但脱毛应注意以下几点：

①唇毛左右两侧生长方向不同，脱毛时要分两侧进行。

②唇部皮肤较敏感，用蜡脱毛时，要一小片一小片进行。

③唇毛细、柔软，可用蜡进行脱毛，但脱毛后应立即用清水清洗，以免刺激皮肤。

④如果皮肤有红肿、发炎或有伤口，则不能脱毛。

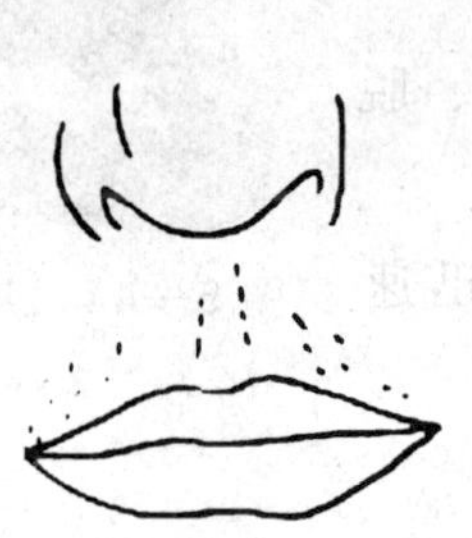

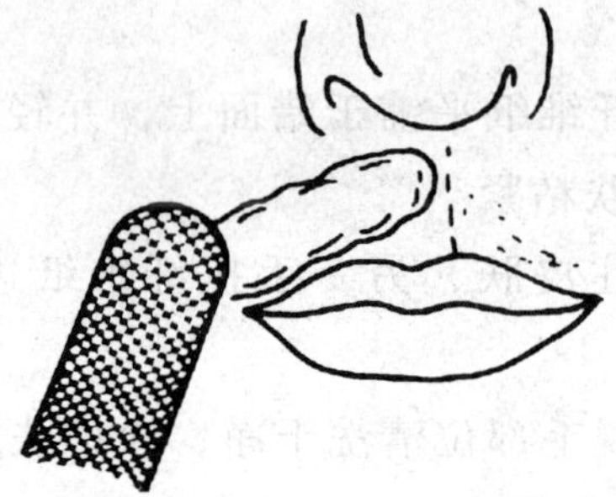

图 5—45 脱唇毛

3）脱眉毛（适合冷蜡） 一般在眉心和眉毛上侧。脱毛方法与四肢相同（见图 5—46）。

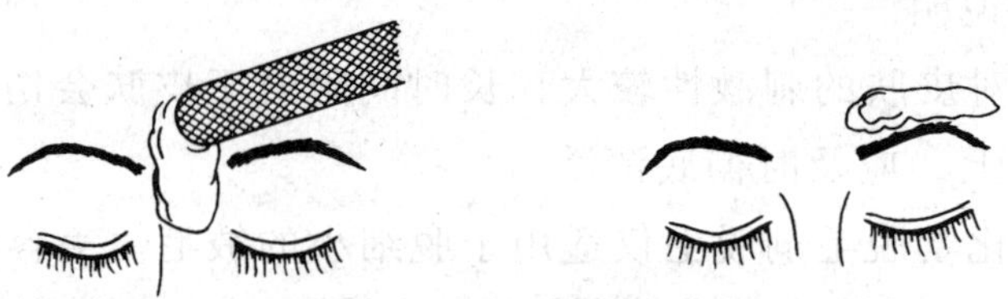

图 5—46 脱眉毛

二、电（烫）眼睫毛

浓密、卷翘的睫毛能使眼睛看起来更大、更迷人，是现代女性朋友所期望和追求的。电（烫）眼睫毛是美化睫毛的重要手段，它不仅可以使睫毛向上弯曲，而且使弯曲状态保持 2~3 个月。免去了装假睫毛的烦琐操作，给想拥有漂亮眼睫毛的女性带来了方便。

电眼睫毛的原理与烫发相同，即用特制的卷芯和药水将眼睫毛卷起并固定弯度，使眼睫毛在一段时间内向上翻卷。

1. 主要用品用具

（1）电眼睫毛药水 电眼睫毛药水是一种特制的电烫药水，药水性质温和，

效力持久，不必加热。一般情况下，电眼睫毛药水中含冷烫剂、护眼液、定型剂和清洗液 4 种用品，在使用前一定要注意看说明书。

（2）特制胶水　特制胶水可将卷芯固定在睫毛根处并可将睫毛固定在卷芯上。

（3）卷芯　卷芯分粗、中、细三个型号，可根据顾客睫毛的长短进行选择。

（4）镊子　镊子为医用尖头镊。

（5）辅助用具　毛巾、棉片、棉棒、牙签、眉梳等。

2. 基本方法

（1）彻底清洁眼部。

（2）根据顾客睫毛长短，选择适当型号的卷芯粘贴在睫毛根部。涂药水前应在眼睫毛根部垫一块棉片，防止药水进入眼睛。

（3）用特制胶水将眼睫毛顺序地卷贴于卷芯上，然后将冷烫剂均匀涂在卷好的睫毛根部。

（4）用浸有护眼液的湿棉片盖住眼部，等候 15~20 分钟。为减少药液挥发，可再加盖一条毛巾。

（5）用棉棒清洗液，轻轻地将卷芯推下。

（6）清洗眼部，梳理眼睫毛，涂睫毛膏。

3. 注意事项

（1）眼部有疾患者不宜电眼睫毛。

（2）在卷烫时要一根一根将睫毛理顺卷于卷芯上。

（3）在卷眼睫毛时不要将下睫毛一同卷在卷芯上。

（4）涂电眼睫毛药水时，注意不能使药水流入眼中。

（5）使用电眼睫毛药水前，应注意看说明书。

（6）卸卷芯时，不可将眼睫毛与卷芯一同扯掉。

三、穿耳孔

耳饰是女士们所喜爱的饰物，通过打耳孔来佩戴耳饰，不仅美观、牢靠、不易丢失，而且不会有不适感，还增添了美感。

1. 主要用品用具

图 5—47　耳钉枪、耳钉与彩色笔

耳钉枪、耳钉、彩色笔（见图 5—47）、75% 浓度的酒精、棉棒、棉片等。

2. 基本方法

（1）将两耳垂用 75% 浓度的酒精消毒。

（2）找好耳孔位置并用笔在耳垂上画一个圆，在圆内画一个“井”字，将圆分为 9 份。

1）每耳打一个孔时，耳钉孔打在靠内上方的交点 A 旁的点 B 位，如图 5—48 所示。

2）每耳打两个孔时，耳钉孔 C 打在靠近外上交点 A 的内下侧，耳钉孔 D 打在靠近内下交点的外上侧，如图 5—49 所示。

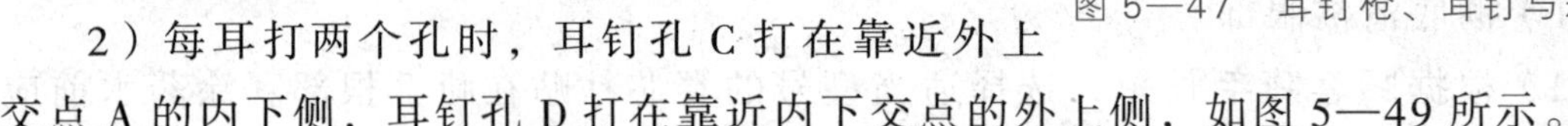

图 5—48　一孔打孔位置

图 5—49　两孔打孔位置

（3）将耳钉、耳钉枪及美容师双手彻底消毒。

（4）将耳钉用镊子装入耳钉枪并拉开“枪栓”待用。

（5）将耳钉枪对准定位点，耳钉与耳垂平面垂直。

（6）一只手将耳钉枪持稳，食指扣动扳机，耳钉立即射入耳垂。

（7）将耳孔前后分别涂抹消炎水。

3. 注意事项

（1）在操作过程中要讲究卫生，严格消毒。

（2）射钉时不能用手牵拉耳部，以免耳孔出现偏斜。

（3）耳孔定位时，左右定位保持对称。

（4）耳钉应使用高度防过敏的特制耳钉。

（5）穿耳孔后 1 周内，保持耳部洁净、干燥。

（6）每日将耳钉转动 1~2 次，以防与耳部肌肉长在一起。

（7）在穿耳孔 2 个月后可以换普通耳饰，半年内不可将耳饰取下，否则耳孔会重新长上。

思考·练习

生命在于运动，通过运动可以消耗大量热量，促进脂肪分解，是减肥的好方法，于是王女士便每天拼命地运动。不到三个月的时间，她的体重果然减到了她心目中理想的重量，便停止了运动。不久她的体重开始回升，最后比过去的体重还增加了几斤。请问王女士这种减肥方法是否正确？为什么会出现体重反弹现象？

第六章　芳香疗法

知识目标

了解芳香疗法的概念和种类，熟悉基础油与芳香精油的选择与应用。

能力目标

能根据不同性质的皮肤选择不同的精油，能比较熟练地运用精油进行皮肤护理。

面对当今快节奏的工作生活压力所产生的影响，芳香疗法已经成为人们舒缓紧张情绪、放松身心的保健方法。同时它所具有的净化空气功能、美肤养颜功能、促进新陈代谢功能也给人们的生活带来诸多益处。芳香疗法带人走进爽心悦目的精神世界，使人感受大自然的清新气息。

第一节 芳香疗法和芳香精油

芳香疗法看似是新的护理方法，其实它从古代到现代、从东方到西方一直流传着、发展着，只不过当今的芳香疗法又重新拓展了表现形式，增加了皮肤护理的新内容。

一、芳香疗法简介

1. 芳香疗法的概念

芳香疗法是指运用从芳香性植物的花卉、果实、根茎、枝叶和树胶中萃取的天然芳香精油，通过按摩、热敷、浸泡、熏香等手段，达到护肤养颜、怡心养性、调理身心健康、增强免疫功能的一种调理性疗法。

2. 芳香疗法的种类

除美容院的芳香护理以外，生活中的芳香疗法也比较常见。

（1）熏香法 熏香法是运用加热熏香器皿制造出来的香气，来净化环境、舒缓精神的方法。

1）方法 熏香法使用的器皿为熏香炉或电热熏香灯。在熏香器中装入清水，滴入2~3滴芳香精油，用蜡烛或电灯的热量加热，使之发出香味。也可以用喷雾器，将稀释后的芳香精油喷洒在居室的空间。

2）适用 适用于失眠、头痛、净化空气，也可以为房间增添气氛调节心情。

3）注意 使用蜡烛时周围不要放置可燃物品。另外要随时注意水分是否蒸发完毕。

（2）沐浴法 沐浴法雅称芳香浴，俗称泡澡。其实沐浴本身就具有放松的效果，再加上可以从呼吸器官和皮肤器官同时吸收芳香精油的有效成分，就更能使身心获得放松和调理。沐浴包括全身浴、半身浴、坐浴。

1）方法 沐浴前在盛满热水的浴池中加入数滴芳香精油，热水的温度以温热为宜（39℃左右），然后把身体浸泡在浴池中，尽情吸入芳香精华，使自己舒心爽气，身体功能获得调理。如果想同时使用几种不同的精油，必须先将芳香精油与基础油按比例调配好。沐浴时点上熏香灯，播放轻松美妙的音乐，使疲惫焦虑荡然无存，

全身心获得彻底的放松。

2）适用　精神压力和疲劳恢复、失眠、肌肉酸痛、月经前紧张、头痛、腰痛等。

3）注意　芳香精油会随着热水的温度挥发，所以，要在入浴前加入。柑橘类、香辛类、薄荷、松树、尤加利、迷迭香等花草类的芳香精油，对皮肤刺激性较强，要用基础油稀释后使用，如果皮肤为过敏性皮肤要避免使用具刺激性的芳香精油。

（3）冷、热敷法

1）方法　将热水（或冷水）放入容器中，滴入4~6滴芳香精油，充分搅拌后将毛巾浸入，然后拧去多余的水分使之成为湿布状（故称湿布法），敷在患部15分钟，重复3~5遍。外敷法分为热敷和冷敷两种。

2）适用　热敷适用于加速细胞的新陈代谢、肌肉痛、腰痛、关节痛、皮肤炎症等。冷敷适用于发烧、炎症、头痛等。

（4）足浴法　足浴也称泡脚，是一种最为简便的与芳香浴具有相同效果的方法。

1）方法　准备一个可以将脚放入的盆，加入比通常入浴时热的水（40~42℃）至脚踝的位置，滴入3~5滴芳香精油，浸泡10~15分钟。

2）适用　适用于脚部疲劳和浮肿，以及感冒的初期症状。

3. 芳香疗法的作用

芳香精油素有“植物激素”之称，其实许多精油的性质也类似人体激素，对人体有着重要作用。芳香精油主要通过以下几种途径作用于人体。

（1）作用于身体的芳香疗效　促进和维护体温、呼吸、激素分泌、血压等的正常状态，提高身体免疫力。植物精油具有使人体生物钟恢复正常的功能，可促进生物钟与生活节奏的协调，有助于身体消除疲劳。

（2）作用于精神的芳香疗效　芳香疗法可以帮助人们缓解压力，精油的芳香可改变压力输送给相关神经系统的不良信号。

二、芳香精油

1. 芳香精油的概念

芳香精油，也称为药用植物精油，由特定种类的植物根、茎、叶、花、果实经过处理（压榨、蒸馏或萃取）而得到的，带有香味、具有挥发性的油性液体。

2. 常用的芳香精油

芳香精油是一种液体，又被称为植物的血液、生命和灵魂。精油如同植物自身生命的能源，可以产生比原植物更浓郁的芳香和浓缩的药性，它具有挥发性、亲油性、抗水性、混合性。

精油的类别包括：单纯精油、复方精油、稀释复方精油和合成香精。

精油的萃取方法包括：蒸馏法、压榨法、溶剂萃取法、油吸法。

表 6—1 就一些常用的单纯芳香精油的萃取、香型、作用、适用皮肤、使用方法均做了简单介绍。

表 6—1　常用的芳香精油

类别	萃取部位	萃取方法	挥发速度	香型	作用	适用皮肤	使用方法
1. 乳香	树皮	蒸馏	慢	树脂类香调	消除疲劳，舒缓焦虑，帮助睡眠，并具有延缓皮肤衰老、增强肌肤弹性的作用	油性皮肤、老化皮肤	熏香、蒸汽吸入、按摩、沐浴、足浴、外敷法
2. 洋甘菊	干燥的花朵	蒸馏	中等	水果香，类似于苹果的香气	可以平静兴奋的心情，去除烦躁的情绪	干性皮肤、敏感性皮肤	熏香、蒸汽吸入、按摩、沐浴、足浴、外敷法
3. 茉莉	花朵	溶剂萃取	中等	为花香调	改善呼吸系统，加深呼吸的深度，能放松情绪	干性皮肤、敏感性皮肤	熏香、蒸汽吸入、按摩、沐浴、足浴、外敷法
4. 佛手柑	果皮	压榨	快	类似橙和柠檬，又带些花香	有较强的抑菌作用	油性皮肤、暗疮、粉刺皮肤	熏香、蒸汽吸入、按摩、沐浴、足浴
5. 天竺葵	花朵和枝叶	蒸馏	中等	具有玫瑰气息和水果味道的花香调	平衡油脂分泌，调整荷尔蒙分泌系统	各种类型皮肤	熏香、蒸汽吸入、按摩、沐浴、足浴、外敷法、漱口
6. 薰衣草	花朵	蒸馏	中等	草香调	能平抚沮丧，抗忧郁，缓解压力，帮助睡眠，滋润发丝，抑制细菌生长，调节皮脂分泌	各种类型皮肤	熏香、蒸汽吸入、按摩、沐浴、足浴

续表

类别	萃取部位	萃取方法	挥发速度	香型	作用	适用皮肤	使用方法
7. 杜松果	浆果	蒸馏	中等	木质类香调	能促进血液循环，具有解毒、消毒、止血作用	油性皮肤	熏香、蒸汽吸入、按摩、沐浴、足浴
8. 香橙	果皮	压榨	快	柑橘果香调	能深层清洁全身皮肤，增加皮肤和头发的光泽，帮助放松紧张的情绪	一般皮肤	熏香、蒸汽吸入、按摩、沐浴、足浴、外敷法
9. 玫瑰	花瓣	蒸馏或溶剂萃取	中等	优雅的花香调	能够促进细胞再生，防止皮肤老化，净化肌肤，保湿美白	各种类型皮肤	熏香、蒸汽吸入、按摩、沐浴、足浴、外敷法
10. 迷迭香	花的顶端和叶子	蒸馏	快	强烈清新的草香调	具有抗菌消炎作用	油性皮肤	熏香、蒸汽吸入、按摩、沐浴、洗发、足浴、外敷法、漱口
11. 葡萄柚	果皮	蒸馏	快	柑橘果香调	能平衡中枢神经，减轻忧郁情绪，能有效地刺激淋巴系统	油性皮肤和暗疮皮肤	熏香、蒸汽吸入、按摩、沐浴、足浴、外敷法
12. 罗勒	花的顶端和叶子	蒸馏	快	略带香辛料的味道	振奋精神，排除疲惫，清醒头脑，还能杀菌消毒	油性皮肤	熏香、蒸汽吸入、按摩、沐浴、洗发、足浴、外敷法、漱口
13. 柠檬	果皮	蒸馏	快	柑橘果香调	振奋精神，消除疲劳，平衡油脂分泌，收敛毛孔	油性皮肤	熏香、蒸汽吸入、按摩、沐浴、足浴
14. 檀香木	木心	蒸馏	慢	东方香调	起到镇静作用	干性皮肤、衰老性皮肤	熏香、蒸汽吸入、按摩、沐浴、足浴、外敷法
15. 广藿香	叶子	蒸馏	慢	土质类香调	具有保养皮肤、治疗皮肤病的功效和杀菌消炎作用	一般皮肤和较粗糙肌肤	熏香、蒸汽吸入、按摩、沐浴、足浴
16. 薄荷	叶片	蒸馏	快	草香调	净化皮肤，平衡油脂分泌	油性皮肤	熏香、蒸汽吸入、按摩、沐浴、足浴

3. 常用的基础油

基础油又称基底油、植物油。它是用于稀释芳香精油的物质，也是芳香疗法不可缺少的一种油脂。基础油能够抑制精油的挥发，帮助精油均匀地扩散。应用时用基础油调配精油，精油的浓度通常调至5%或2%。目前市场上所使用的基础油全部为植物油。

（1）杏仁油　它是从杏仁的种子中提炼而成，渗透力强，含有矿物质、维生素和蛋白质，可以与所有精油调和使用，也可以单独使用，尤其适用于干性皮肤。

（2）荷荷巴油　它由生长在南美的荷荷巴坚果提炼而成，具有不易氧化、无刺激性、无异味的特点，适用于各种类型皮肤，可以单独使用。

（3）橄榄油　它以榨取法而得，含有大量不饱和脂肪酸，对阳光晒伤有缓解功效。在芳香疗法中多用于减肥、衰老性皮肤、晒伤皮肤的护理。

（4）野玫瑰果实油　它含有大量维生素A，特别适用于干燥皮肤、老化粗糙的皮肤和粉刺、皲裂、灼伤、晒伤等问题皮肤的保养。但由于它的价格昂贵和它与其他基础油混合使用更能发挥作用，所以使用时加入其他基础油混合调配效果最佳。

（5）桃核油　桃核油含有丰富的维生素E，质感清爽，渗透力强，可以与所有精油调和使用。

（6）小麦胚芽油　从小麦胚芽中提炼的基础油，含有丰富的蛋黄素、维生素A、维生素D、维生素E等成分。它可以促进皮肤的新陈代谢，对于干性皮肤、衰老性皮肤效果最佳，不适宜过敏性皮肤。它具有不易氧化的性质，所以使用时可以与其他基础油混合使用。

（7）酪梨油　它是含有维生素A、维生素E，蛋白质、脂肪酸、蛋黄素等高营养的基础油，适用于各种类型皮肤，尤其是干性皮肤效果最佳。它具有一定黏性，所以使用时可以按10%的比例来与别的基础油混合调配使用。

（8）榛子油　榛子油较适用于油性皮肤，它能溶解油性皮肤的油脂，对粉刺和暗疮有一定的疗效。

（9）葡萄籽油　它由葡萄种籽提炼而成，含有丰富的亚麻油酸、维生素E，渗透力很强，可在做面部按摩及治疗时用。它质地清爽具有保湿功效，适用于各种类型皮肤和单独使用。

（10）其他基础油　其他常见的基础油还有椰子油、胡麻油、芝麻油、花生油、大豆油、金盏花油等。

4. 芳香疗法中基础油和芳香精油的选择与应用

基础油和芳香精油种类繁多，功效各异，在选择与应用时，应根据皮肤的性质和精油的功效来确定选用的基础油和芳香精油，具体内容见表 6—2。

表 6—2　基础油和芳香精油的选择与应用

皮肤类型	基础油	芳香精油
中性皮肤	大部分基础油都适用	薰衣草、玫瑰、洋甘菊、依兰、天竺葵
干性皮肤	杏仁油、核桃油、芦荟油、月见草油、荷荷巴油、昆士兰果油、小麦胚芽油	檀香木、天竺葵、薰衣草、洋甘菊、香橙、玫瑰、茉莉、乳香
油性皮肤	葡萄籽油、榛子油	迷迭香、薄荷、柠檬、杜松果、葡萄柚、薰衣草、天竺葵、佛手柑、依兰、茶树、丝柏、雪松、罗勒
敏感性皮肤	荷荷巴油、葡萄籽油	茉莉、洋甘菊、香橙、玫瑰、薰衣草、花梨木
老化皮肤	野玫瑰果实油、荷荷巴油、核桃油、小麦胚芽油、酪梨油、橄榄油	玫瑰、乳香、香橙、檀香木、广藿香、洋甘菊

第二节　芳香美容护理

运用精油进行按摩是目前美容院十分盛行的一种保健按摩方法，这种方法把按摩效果与精油的效力发挥到极致，使身心获得充分的放松。

一、准备工作

1. 芳香疗法的用品、用具

（1）精油，包括按摩用精油和喷雾用精油。

（2）调油小碗，调配精油使用。

（3）量杯，调配精油使用。

（4）小茶匙，调配精油使用。

（5）棉片，面部卸妆时使用。

（6）奥桑喷雾仪，也可选用喷雾瓶或喷雾器。

（7）毛巾，用来包裹顾客的头部。

（8）熏香灯，用来进行美容室内熏香。

（9）精油瓶，一般用来存放精油。

（10）精油保存盒，一般为木质，具有遮光作用，并可确保精油的品质。

（11）酒精，美容师用来消毒双手及用品、用具。

（12）木盆，用来泡脚。

（13）木制浴桶，用来泡澡。

（14）精油项链，可推荐给顾客挂在胸前吸闻。

（15）按摩木梳，是按摩阶段的辅助用品。

（16）花草茶，有助于调理人体内部机能。

2. 调配精油

备好基础油、精油、量具、保存容器（具有避光性的玻璃瓶），再用基础油将精油稀释至1% ~ 3% 的浓度后制成按摩油。具体制作方法如下：

（1）将基础油放入量具计量。

（2）根据说明书中芳香精油的浓度计算出加入的量，然后注入量具中。

制作按摩油时，基础油与精油用量的计算方法如下：

精油用量 = 基础油的量 × 芳香精油的浓度 ×0.2（定数）×100（滴）

每滴芳香精油约为 0.5 毫升。

例如：用20毫升基础油稀释时，精油用量为20毫升 ×1%×0.2×100=4（滴）。

护肤按摩：一般成人1%~3%，60 岁以上 1%。

全身按摩：一般成人1%~5%，60 岁以上 2%。

（3）轻轻摇动量具。

（4）盖上瓶盖继续摇动量具使之充分融合。

（5）调配完毕，将其成分和制作日期记录在标签上，粘贴在瓶外，将瓶子保存在避光处。

二、芳香美容护理的程序

1. 清洁皮肤

2. 判断皮肤类型

分析皮肤状况，选择芳香精油。美容师首先根据顾客皮肤表面具体特征、年龄、

健康状况等判断其皮肤性质，然后再细致观察顾客是否存在皮肤问题，如：色斑、粉刺等症状，找出护理的重点，在此基础上帮助顾客选择与之相适应的芳香精油（也可根据顾客的爱好和需要选择芳香精油）。

3. 使用奥桑蒸汽仪

将适量的芳香精油滴入奥桑蒸汽仪的水杯中，接通仪器电源，打开蒸汽开关。

4. 脱屑

操作时根据皮肤类型选择脱屑化妆品，确定操作时间。

5. 蒸面

将消毒湿棉片覆盖于双眼，调整奥桑喷雾仪与顾客面部间距，进行蒸汽蒸面3~10分钟（视皮肤性质而定）。蒸面后，美容师将奥桑蒸汽仪的喷口推向旁边，继续用蒸汽挥发奥桑蒸汽仪中的精油，使顾客充分获得嗅觉吸收。

6. 导入精华素

用阴阳电离子仪将精华素导入皮肤。

7. 涂抹精油并按摩

精油是植物的荷尔蒙，也是产生疗效的本体。美容师根据顾客的皮肤性质及需要确定芳香精油，并且按照芳香精油的稀释比例，将基础油与精油进行稀释调配，然后采用调配好的芳香精油为顾客进行皮肤按摩。在按摩的最后程序中，将皮肤中或体内的废物、毒素等引导到淋巴系统，使其排出体内。

8. 敷营养面膜

9. 滋润皮肤

关闭奥桑蒸汽仪，用滋润液或收缩水滋润、收敛皮肤。

10. 涂营养霜

根据皮肤的需要，选择不同的护肤品，以达到滋润营养皮肤的目的。

思考·练习

假如你所在的美容院，有一位成人顾客要进行全身芳香按摩。在调配芳香精油时，基础油为 30 毫升，浓度为 2%，请问精油用量是多少？

第七章 美容院服务常识

知识目标

明确美容院日常服务的项目，掌握如何与顾客沟通和开展业务的技巧。

能力目标

能正确接待客户，能为客户提供优秀的服务指导。

美容业是服务性行业，美容师的工作就是通过自己的服务，去美化顾客并使顾客心灵愉悦的过程。美容院除出售技术、产品之外，服务水平的高低也成为服务项目收费的重要组成部分，因此在实际的工作中，很大一部分是在出售服务。也就是说用更好的服务去赢得顾客的认可，让接受服务的顾客愉快地消费，才能达到获得收益的目的。

第一节　接待常识

一、电话接听

接听电话的规范化是规范美容院服务程序的重要环节，接打电话的服务应该细腻、人性化。美容院的接待台上应该有一个记录本，目的是建立电话记录制度。

1. 来电分类及提示

（1）服务项目咨询　“您好，我是×××美容院的×××美容师，请问您找哪位？”当美容院有媒体广告发出，或已有了极好的口碑，咨询电话就会接踵而来，顾客大多来咨询美容项目或有关美容服务问题。所以，要培养一个专门的接待员来接待顾客的咨询。

（2）价格咨询　在接听顾客咨询服务价格的电话时，只能告之某项服务或某个产品的由低至高的价格范围，并让对方明白——可选择的余地非常大，明智的选择是亲自来店。如果对方执意要知道价格，我们就有理由判断对方是探子，不妨直接反守为攻，予以质询，令对方死心。

（3）预约美容师服务　老顾客长时间来店服务都有认定的美容师，预约美容服务是老顾客的习惯。有的老顾客喜欢呼朋唤友请客做美容，这部分被老顾客带来的顾客将成为美容院的新客源，美容师应该好好接待。另外，既然是预约，顾客一定不情愿等待，所以接待员做好顾客的安排非常重要。顾客与美容师预约的时间一定要详细记录，甚至要明确到几点几分，前后不超过5分钟。

（4）私人电话　因为美容院工作环境的特殊性——美容师的一切活动都应该围着顾客转，因此美容师不应该占用过多的工作时间去做自己的私事，包括接听私人电话，更不允许当着顾客的面接打手机、收发短信。

（5）其他类型电话　在美容院的日常电话中，还有很多其他类型的电话，比如派出所要来检查暂住人口、物价局通知检查商品价签标注等，虽然看似与经营无关，但处理不当就会耽误大事。接到上述电话，美容师一定要马上通知经理进行处理，并做好记录以备日后查对。

2. 打电话的分类及提示

美容院的经营现在已不是坐在店里就可以顾客盈门的时代了，因此利用电话寻找客源、稳定客源，成为美容院提高业绩的一种手段。

（1）服务跟踪电话　在顾客接受服务之后，美容师都应该在此之后进行电话回访，对美容顾客进行回访的时间是在服务后的第二天，询问顾客的感受及有无须要解决的问题，与顾客约定回店的时间表后，应及时结束谈话，以免节外生枝。

（2）利用顾客档案找回流失的顾客　美容院顾客流失是一个常见问题，顾客流失并不可怕，可怕的是对这个问题从来没有意识到。当美容院发现顾客流量不足时，就应该打开顾客档案，寻找一个月以上未到店的顾客，全部找到就可以做电话访问的工作了。

（3）向档案顾客传达优惠信息　美容院有时会通过一些活动来增加对顾客的吸引力，刺激顾客的消费。这些活动的开展不仅可以提高媒体广告宣传，电话通知老顾客也会有很高的命中率。电话通知顾客优惠信息时，情绪要饱满，但不要对优惠活动内容有过多的解释，最好30秒之内把活动说完。

二、店面接待

1. 迎送

（1）迎送的语言要求　迎送是给顾客的第一印象。顾客进店时，美容师要面向顾客，微笑相迎，轻轻点头行礼，亲切问候。一个微笑与友好的问候，常能使陌生人感到彼此的距离缩短。如果美容师能记住顾客的名字或称呼，就能使顾客产生宾至如归的感觉，使顾客对美容院有了更亲切的印象。

1）迎接用语　在人际交往中，迎接用语一般不外乎“欢迎光临”“请”“您好”等。但要使这些常用语说出来时，让顾客感觉到是发自内心的、真诚的，而不是机械重复、千篇一律的，这就要求注意说话的语气、语调、语速等，可以反映出不同的感情和态度。

①语气　委婉的语气更能体现对顾客的尊重。美容师在迎接顾客时，禁止使用命令式语气，而应多用请求式、商量式的语气。比如正逢业务繁忙，可以用“真对不起，请您稍等一会儿好吗？”“很不巧，要耽误您一会儿时间，先休息一下好吗？”

②语调　语调的抑扬顿挫体现一个人的感情与态度，美容师轻柔舒缓、委婉温

和的语调能很快缩短与顾客之间的距离，吸引和感染顾客；而粗直无理、单调无力的语调则会排斥顾客，使人反感。美容师切忌拿腔拿调、矫揉造作。

③声音　美容师自然、圆润、悦耳、适中的说话声音，有利于与顾客交流，也展示出美容师稳重文雅的形象。

④语速　说话的语速过慢，经由耳朵传到大脑的信息间隔时间长，便会导致听话的人思想开小差；语速太快，往往又会使人应接不暇、精神紧张。美容师要掌握好适当的语速，既能使顾客情绪放松，又能表达清楚。

2）道别用语　道别用语可以使顾客感到善始善终的服务，因此不能忽视这一环节。道别时注意观察顾客的满意程度，除说“再见”以外，还可以主动征询顾客对服务的意见，如：“不知道您对本次的服务是否满意？”“如果您对我们的服务感到满意的话，欢迎再次光临。”等此类的用语，可以使顾客感到服务周到、细致，得到心理上的满足。

（2）迎送的神情

1）笑容　微笑是人际交往中最有吸引力、最有价值的面部表情，它表现着人际关系中友善、诚信、谦恭、和蔼、融洽等最为美好的感情因素。

在迎送中，如能恰如其分地运用微笑，就可以与顾客沟通心灵，消除疑虑、传递感情，消除陌生感和拘束感。“微笑服务”是评价服务质量高低的重要标准之一，深受顾客欢迎。世界著名的希尔顿饭店创始人康拉德·希尔顿总结事业成功的要素时说：“无论旅店本身遇到怎样的困难，希尔顿饭店服务员脸上的微笑永远是属于宾客的阳光。”值得指出的是，充满魅力的职业微笑并非天生的，它需要经过必要的训练，比如采用“情绪记忆法”，培养微笑的习惯，同时根据职业特点，以发自内心的微笑表示对顾客的敬意。切不可故作笑颜，假意奉承，也不可笑得过了火，那样会显得不稳重。

2）目光　目光被称为最有表现力的“体态语言”。在迎送中，应用坦然、亲切、友好、和善的目光面对顾客，并注意以下几点。

①行注目礼，正视对方眼睛。在迎送中，应当用目光向顾客致意，正视对方眼部，使其感到亲切。

②视线齐平。俯视和斜视都是不礼貌的目光。在迎送中，最佳的视线是与顾客保持相同高度，如碰上小孩或坐轮椅的顾客，应蹲下身子与其交流。

③在迎送中，应从顾客的目光中发现他的需求，并主动询问及提供服务。若对顾客的目光反应迟钝，则会错过与顾客的沟通机会。

④切忌死死地盯着顾客的眼睛或身体的某个部位，这样做不仅是极不礼貌的，而且还会显得神情呆钝；也不能东瞟西看，漫不经心。

笑容和目光是美容师面部表情的核心，抓住这个核心，迎送就有了活力。

（3）迎送的姿态

1）行礼　顾客来到，应主动行45°或15°的鞠躬礼。行礼时，美容师要双手轻轻重叠，置于两腿前方中央处，目视对方，面带微笑，表示欢迎。然后退步，再做“请进”的手势。

2）手势　规范的手势为五指并拢伸直，掌心向上，手掌平面与地面成45°角。手掌与手臂成直线，肘关节弯曲140°。手掌指示方向时，以肘关节或肩关节为轴，上体稍向前倾，以示敬重。运用手势要注意防止生硬及指挥式。

（4）迎送的注意事项

1）在迎送顾客时，美容师不可聚集在一旁，不可瞪大眼睛盯着顾客，不可边与别人说笑边接待顾客，不可把手插在衣袋里或在胸前抱着胳膊，也不可倒背着手。

2）当顾客离开美容院时，美容师应当恭立点头行礼，并道别：“再见”或是“欢迎下次光临”。顾客走时要对着顾客的背影再次点头行礼：“欢迎再来。”不可不等顾客走去，就头也不回地离开。

2. 介绍服务项目

通过介绍服务项目，指导顾客选择美容项目。美容院介绍服务项目是顾客了解美容院的主要途径，也是留住顾客的重要环节。作为美容师，为了帮助顾客选择适合的消费项目，首先应清楚明了地介绍美容院的服务项目。

三、顾客登记表的填写

顾客登记表一般包括个人情况、皮肤状况等内容，美容师应在充分了解登记表的内容基础上，正确指导顾客填写。

1. 登记表样式（见表7—1）

表7—1　　　　美容院顾客资料登记表

编号＿＿＿＿＿＿＿＿　　建卡日期＿＿＿＿＿＿＿＿

顾客姓名	性别	年龄
生育情况	体重	血型
住址		电话
职业		文化程度
以往美容院护理情况		

续表

<table>
<tr><td rowspan="5">皮肤状态分析</td><td colspan="6">皮肤类型</td></tr>
<tr><td colspan="6">皮肤吸收状况</td></tr>
<tr><td colspan="6">皮肤状况</td></tr>
<tr><td colspan="6">皮肤问题</td></tr>
<tr><td colspan="6">皮肤疾病</td></tr>
<tr><td rowspan="4">护肤习惯</td><td colspan="6">常用护肤品</td></tr>
<tr><td colspan="6">常用洁肤品</td></tr>
<tr><td colspan="6">洁肤次数</td></tr>
<tr><td colspan="6">常用化妆品</td></tr>
<tr><td rowspan="2">饮食习惯</td><td colspan="6">饮食爱好</td></tr>
<tr><td colspan="6">易过敏食物</td></tr>
<tr><td rowspan="4">健康状况</td><td colspan="3">是否怀孕</td><td colspan="3">是否进行过手术治疗</td></tr>
<tr><td colspan="3">是否生育</td><td colspan="3">易对哪些药物过敏</td></tr>
<tr><td colspan="3">是否服用避孕药</td><td colspan="3">生理周期</td></tr>
<tr><td colspan="3">是否戴隐形眼镜</td><td colspan="3">有无其他病史</td></tr>
<tr><td rowspan="2">护理方案</td><td>日期</td><td>护理前
皮肤状况</td><td>主要护理
程序、方法</td><td>主要
产品</td><td>护理后
皮肤状况</td><td>顾客签字</td></tr>
<tr><td></td><td></td><td></td><td></td><td></td><td></td></tr>
<tr><td>备注</td><td colspan="6"></td></tr>
</table>

2. 填写要求

（1）个人情况　顾客姓名、年龄、职业、文化程度、家庭地址、联系电话等。

（2）以往美容院护理情况　指以往进行皮肤护理的情况，包括是否在美容院做过护理、做过哪些护理、效果如何、是否有过敏史等。

（3）皮肤状况记录　对顾客皮肤进行分析、诊断、记录，了解顾客肤质、肤色，

是何种类型的皮肤，是否易对化妆品过敏，有无皮肤问题或异常现象，如：有无毛孔阻塞、痤疮、色斑等。

（4）顾客护肤及日常饮食习惯　应了解顾客的护肤、日常饮食习惯如何，即日常护肤是否得当，是否在节食，因为这两方面的内容与皮肤健康状况和改善程度有直接关系。顾客是否使用过药物性化妆品、对哪些食物易过敏等，这都有利于制定正确合理的护理方案。

（5）健康状况　顾客的体重是否正常、有无患病史、是否服药、是否戴有“心脏起搏器”等。

（6）护理方案　为顾客设计具体合理的护理措施及护理疗程，包括仪器的使用、手法运用、护肤品选用等。护理方案若有改变，应记录改变护理方法的日期、原因及功效。

（7）效果分析　效果分析是对每一次或每一阶段护理效果做记录。

（8）顾客意见　让顾客留下对疗效、产品、服务、管理等方面的意见和建议。

（9）备注　为了掌握顾客来源，可在备注栏里注明顾客是经由别人介绍还是通过阅读某种广告而来的。如果顾客在接受皮肤保养护理之后还需化妆，那么对于所使用的化妆品名称及色系、化妆过程都应详细记录。

第二节　服务指导

美容服务指导是美容师根据顾客提出的有关美容原理、皮肤异常原因、治疗方法等问题进行耐心细致地解答和指导。此能力是美容师专业水平、语言表达能力的综合体现，也是获得顾客信任的关键一步。

一、服务指导的内容

第一，讲解美容项目的作用、原理。尽量用简练、通俗、易懂的语言，为顾客讲解美容项目作用和原理，使顾客了解美容项目是有科学根据的，消除顾客的疑虑。如果只谈效果不谈原理，顾客会感到缺少依据，不可信，甚至会觉得夸大其词，只图赚钱。

第二，讲解美容项目的方法步骤。详尽地介绍美容项目的方法步骤，不可人为地创造神秘感，遮遮掩掩，含糊其词，应使顾客明白、清楚地消费。如果使用仪器设备，还要将设备的原理及功能讲解清楚，以赢得顾客的理解和信任，放心地

接受护理，并能主动与美容师进行配合。

第三，介绍所用产品。对顾客护理疗程所需的产品要向顾客介绍：首先要介绍产品的安全性，比如说通过国家检验获得哪些名誉、以往顾客使用的反馈意见等，让顾客使用起来放心；还要介绍产品的特征和适应证，让顾客明白美容师为什么要为他选择这套产品。在介绍过程中不能为推荐而推荐，要让顾客感到美容师是在帮他解决问题，或是在提醒他应注意的细节，而非推销产品。美容师可以用“要解决您皮肤的某种问题，我们通常使用这种方法非常有效”“您的做法不是很正确，其实应该这样操作才正确”。

第四，说明美容项目的时间安排。美容师要向顾客介绍服务项目疗程的时间、每次间隔的时间，以及每一次做美容需要的时间，让顾客事先做好准备，安排好时间。

第五，说明美容项目的效果，这是顾客最关心的问题。介绍时要客观，要谈自己确定的，如果自己不确定不要随便不负责任地说，可以找到有经验的美容师加以说明。介绍效果要说明几个问题：一是多长时间见效，例如是一周以后还是一个月以后；二是基本调理好所需时间，比如需一个月、三个月等；三是能保持多长时间，如果做时有效不做就无效，不能算是科学的美容方法。现在顾客的自我保护意识较强，这些问题即使不说，顾客也会问清楚。

二、服务指导的方法

第一，介绍时注意调动顾客的兴趣。虽然美容师专业理论很强，能滔滔不绝地讲出很多道理，但是顾客不能听懂、不能理解或不能反应，美容师说多少也不起作用。

第二，说话要婉转。如果顾客因理解问题产生认识上的错误，美容师要给予否定时，不要直接否定，可以举例子、打比方，把话题绕开，最好是让顾客自己认识到错误。

第三，要有一定的说服力。既要照顾顾客的情绪，但也不能完全按照顾客的意愿介绍。只要是对顾客有利的方案，要尽量劝说顾客接受。劝说时，语气要肯定，眼神要自信。

第四，回答顾客问题时要把握适度的原则。在肯定时可以加上“基本上”等用语，不要说百分之百，要留一定的余地。不要把顾客的期望值提到与实际效果不相符的高度，一旦实现不了，容易引起纠纷。

第五，咨询过程中始终要紧密结合顾客的个人情况，为顾客专门设计“个人护

理方案”。

三、指导顾客加强日常保养

护理皮肤非一日之功，仅靠美容院的护理是不够的，如果顾客回家还能配合保养皮肤就会达到理想的效果。美容师除在美容院为顾客服务之外，还应指导顾客学会自我保养的方法和注意事项，让顾客建立长期保养意识，以加强和巩固美容效果。

1. 指导顾客家庭护理方法

（1）教给顾客每日自我护理及每周自我护理的要点。

（2）教给顾客自我护理的方法、细节及注意事项，如自我眼部按摩和面部按摩的手法、方向、力度、时间等；皱纹护理的方法；面部皮肤松弛的护理、痤疮皮肤的护理要点、色斑皮肤日常保养方法等。

（3）教给顾客不同季节的皮肤护理方法。

2. 指导顾客选择化妆品

顾客每天使用的护肤、化妆品得当与否，与美容院护肤的效果紧密关联。如果每天使用的护肤品不适合顾客的皮肤，那么单靠每周一次的皮肤护理是不能奏效的。所以美容师一定要询问顾客使用化妆品的情况，发现问题，及时给予调整建议。可以根据情况给顾客推荐一些安全有效的系列护肤品。

3. 指导顾客选择良好的生活习惯

美容师应该从饮食、健身、作息时间、精神调节、劳逸结合等方面指导顾客养成良好的、科学的生活习惯。

思考·练习

假定你所在的美容院来了一位女性顾客，此顾客第一次光顾这家美容院，请根据本章所学知识模拟接待流程。